国家公园（青海片区）主要种子植物图谱

苏 旭 刘玉萍 主编

U0266498

科学出版社

北京

内 容 简 介

祁连山位于青海省东北部与甘肃省西部边境，是我国西部重要的生态安全屏障，也是我国生物多样性的优先保护区。祁连山国家公园总面积5.02万平方千米，植被类型丰富，是保护生物多样性的重要基地。然而，目前尚未见有关祁连山国家公园野生植物资源种类的报道，因此对祁连山国家公园植物种类、分布及其生境进行研究，为公园生物多样性保护和生态管理工作提供理论与技术支持至关重要。本图谱共收录祁连山国家公园（青海片区）主要种子植物45科149属273种，对每个物种的形态特征、物候期、分布范围及生境和主要价值等进行了介绍，体系完整、内容丰富、特色鲜明、图文并茂，是一本实用的野外植物识别工具书。

本图谱可为从事植物分类学、生态管理学、植物资源学、保护生物学等方面的专家、学者、管理者、研究生，以及广大热爱自然、关注植物的科普工作者提供参考。

图书在版编目（CIP）数据

祁连山国家公园（青海片区）主要种子植物图谱/苏旭，刘玉萍主编．
—北京：科学出版社，2022.4
ISBN 978-7-03-071881-5

Ⅰ.①祁…　Ⅱ.①苏…②刘…　Ⅲ.①祁连山–国家公园–种子植物–青海–图谱　Ⅳ.① Q949.408-64

中国版本图书馆 CIP 数据核字（2022）第 042394 号

责任编辑：岳漫宇　刘新新 / 责任校对：郑金红
责任印制：吴兆东 / 封面设计：图阅盛世

科 学 出 版 社　出版
北京东黄城根北街 16 号
邮政编码：100717
http://www.sciencep.com
北京中科印刷有限公司　印刷
科学出版社发行　各地新华书店经销
*
2022 年 4 月第　一　版　开本：787×1092　1/16
2022 年 4 月第一次印刷　印张：12 1/2
字数：297 000
定价：198.00 元
（如有印装质量问题，我社负责调换）

《祁连山国家公园（青海片区）主要种子植物图谱》
编委会

主　编：苏　旭　刘玉萍

副主编：富　贵　范建平　畅喜云　周华坤

参　编：郑长远　马永贵　刘　涛　吕　婷

　　　　张　雨　苏丹丹　王亚男　胡夏宇

　　　　杨　萍　毛轩睿　薛亚东

摄影和照片整理：刘　涛　刘　峰

前　言

祁连山位于青海省东北部与甘肃省西部边境，西端在当金山口与阿尔金山脉相接，东端至黄河谷地，与秦岭、六盘山相连，长近1000千米。祁连山北侧与南侧分别以明显的断裂降至平原，北坡与河西走廊间相对高度在2000米以上，南坡与柴达木盆地间仅1000余米，是黄河和内陆水系的分水岭。祁连山山间谷地、河谷宽广，面积占山地总面积的三分之一以上，是个水草丰美的牧场；地势较低的大通河谷地、湟水谷地，也是青海省的重要农业区。祁连山国家公园始建于2017年9月，总面积5.02万平方千米，其中甘肃片区总面积3.44万平方千米，占国家公园总面积的68.5%，青海片区总面积1.58万平方千米，占国家公园总面积的31.5%。祁连山国家公园在青海省境内包括1个省级自然保护区、1个国家级森林公园和1个国家级湿地公园，其中祁连山省级自然保护区核心区面积36.55万公顷，缓冲区面积17.51万公顷，实验区面积26.17万公顷，森林、草原、荒漠、湿地均有分布。要保护好祁连山国家公园的生态环境，首先要了解这个区域内的植物种类，以及这些植物的生境及分布地域和范围，这对于研究植物区系、合理开发利用和保护植物资源，以及保护祁连山生态环境等均具有重要意义。为此，我们基于第二次青藏高原综合科学考察，行程上万里，采集植物标本近千份，通过对植物标本鉴定和照片整理，以及查阅相关文献资料，组织编写了《祁连山国家公园（青海片区）主要种子植物图谱》一书。

本书共收录祁连山国家公园（青海片区）主要种子植物共45科149属273种。为方便编写和翻阅，本书未采用最新的APG系统名称，而是综合参考了《中国植物志》、《青海植物志》、*Flora of China*等传统分类资料。因时间有限，本书未进行植物系统性研究，也没有对每个物种的形态特征进行重新描述，而是在《中国植物志》、《青海植物志》、*Flora of China*等资料的基础上根据祁连山国家公园（青海片区）的实际情况稍加修改。本书对每个物种的形态特征、物候期、分布范围及生境和主要价值等进行了简要介绍，并配有相应特征图片，这也是本书的一大特色，既便于从事科研和教学的工作者较好地识别植物，又可使读者尽快掌握植物的主要特征和生长环境，同时也可为祁连山国家公园植物资源的保护和合理利用提供基础资料。

本书出版得到高原科学与可持续发展研究院、祁连山国家公园青海省管理局、第二次青藏高原综合科学考察研究项目（2019QZKK0502）、青海省青藏高原药用动植物资源重点实验室项目（2020-ZJ-Y40）、青海省高教领域"昆仑英才·教学名师"项目、2020年第二批林业草原生态保护恢复资金——祁连山国家公园青海片区生物多样性保护项目（QHTX-2021-009）等资助，在此致以诚挚谢意。

　　虽经过反复讨论和多次修改，但因编者水平有限，本书难免有些许漏误，恳请广大读者批评指正。

编　者

2020 年 12 月

目　录

麻黄科 Ephedraceae

■ 麻黄属 *Ephedra*

单子麻黄 *Ephedra monosperma*

别名：小麻黄

形态特征：草本状矮小灌木。株高5-15厘米。直根系。木质茎短小，多分枝，弯曲并有节结状突起，皮多为褐红色。绿色小枝开展或稍开展，常微弯曲，节间细短。叶对生，膜质鞘状，长2-3毫米，下部部分合生，裂片呈短三角形。雄球花生于小枝上下各部，单生枝顶或对生节上，多成复穗状，呈广圆形，中部绿色，两侧膜质边缘较宽，假花被较苞片长，呈倒卵圆形，雄蕊7-8，花丝完全合生；雌球花单生或对生节上，无梗，苞片3对，基部合生，雌花通常1朵，胚珠的珠被管较长而弯曲，雌球花成熟时肉质为红色，微被白粉，呈卵圆形或矩圆状卵圆形。种子呈三角状卵圆形或矩圆状卵圆形，长约5毫米。

物候期：花期6月，种子8月成熟。

分布范围及生境：分布于青海省德令哈市怀头他拉镇。生于海拔约4000米处的山坡石缝及林木稀少的干燥地区。

主要价值：具有药用价值。草质茎可入药，有发汗解表、止咳平喘和解表利水的功效，主治外感风寒、喘咳症和水肿等症状。

膜果麻黄 *Ephedra przewalskii*

别名：喀什膜果麻黄

形态特征：灌木。株高 50-240 厘米。直根系。木质茎明显，茎皮为灰黄色或灰白色，呈细纤维状，纵裂成窄椭圆形网眼，茎的上部具多数绿色分枝，老枝为黄绿色，小枝为绿色。叶通常 3 裂并有少数 2 裂混生，下部部分合生，裂片呈三角形或长三角形。球花通常无梗，常多数密集成团状的复穗花序，对生或轮生于节上；雄球花为淡褐色或褐黄色，近圆球形；雄蕊 7-8，花丝大部分合生，先端分离，花药有短梗；雌球花为近圆形，苞片 4-5 轮（每轮 3），稀对生，膜质，几全部离生，最上 1 轮苞片各生 1 朵雌花；珠被管伸出，直立或弯曲。种子通常 3 粒，包于干燥膜质苞片内，为暗褐红色，呈长卵圆形，长约 4 毫米。

分布范围及生境：分布于青海省德令哈市。生于海拔约 3000 米处的干燥沙漠地区、干旱山麓及多砂石的盐碱土中，在水分稍充足的地区常组成大面积的群落，或与梭梭、柽柳、沙拐枣等旱生植物混生。

主要价值：具有饲用价值和生态价值。从所含营养成分看，属中等牧草，但其适口性很差，除骆驼在冬季少量采食外，其他家畜均不采食。此外，该植物还有固沙作用，具有一定的生态价值。

杨柳科 Salicaceae

柳属 *Salix*

山生柳 *Salix oritrepha*

形态特征：直立矮小灌木。株高 60-120 厘米。直根系。幼枝被灰绒毛，后无毛。叶呈椭圆形或卵圆形，长 1-1.5 厘米，宽 4-8 毫米，上面为绿色，具疏柔毛或无毛，下面微灰色或稍苍白色，有疏柔毛，后无毛，叶脉网状突起，全缘；叶柄为紫色，具短柔毛或近无毛。雄花序呈圆柱形，花序梗短，具 2-3 枚呈倒卵状椭圆形的小叶；雌花序花密生，花序梗具 2-3 叶，轴有柔毛；子房呈卵形，无柄，具长柔毛，花柱 2 裂，柱头 2 裂；苞片呈宽倒卵形，两面具毛，为深紫色，与子房近等长；腺体 2，常分裂，而基部结合，形成假花盘状。

物候期：花期 6 月，果期 7 月。

分布范围及生境：分布于青海省祁连县。生于海拔约 2900 米处的山脊、山坡、山沟河边及灌丛中。

主要价值：具有药用价值。茎、枝皮、叶入药，主治肺脓疡、脉管肿胀、寒热水肿、斑疹、麻疹不透、风寒湿痹疼痛和皮肤瘙痒等症状；果穗入药，主治风寒感冒和湿疹等症状。

荨麻科 Urticaceae

■ 荨麻属 *Urtica*

异株荨麻 *Urtica dioica*

形态特征：多年生草本。常有木质化的根状茎。直根系。茎高 40-100 厘米，四棱形，分枝少。叶片卵形或狭卵形，长 5-7 厘米，宽 2.5-4 厘米，先端渐尖，基部心形，边缘有锯齿；叶柄长约叶片的一半，常密生小刺毛；托叶每节 4 枚，离生，条形。雌雄异株，稀同株；花序圆锥状，长 3-7 厘米，序轴较纤细，雌花序在果时常下垂；雄花具短梗；花被片 4，合生至中部，外面疏被微毛；雌花小近无梗。瘦果狭卵形，长 1-1.2 毫米，光滑；宿存花被片 4，在下部合生。

物候期：花期 7-8 月，果期 8-9 月。

分布范围及生境：分布于青海省天峻县。生于海拔 188 米的山坡阴湿处。

荨麻 *Urtica fissa*

别名：火麻、白蛇麻、裂叶荨

形态特征：多年生草本。直根系。有横走的根状茎。茎自基部多出，高 40-100 厘米，四棱形，分枝少。叶近膜质，宽卵形、椭圆形，长 5-15 厘米，宽 3-14 厘米，先端渐尖或锐尖，基部截形或心形，边缘有 5-7 对浅裂片或掌状 3 深裂，裂片自下向上逐渐增大，三角形或长圆形。叶柄长 2-8 厘米，密生刺毛和微柔毛；托叶草质，绿色，2 枚在叶柄间合生。花序圆锥状，具少数分枝，有时近穗状；花被片 4，在中下部合生，裂片常矩圆状卵形，外面疏生微柔毛。瘦果近圆形，长约 1 毫米，表面有带褐红色的细疣点；宿存花被片 4，内面二枚近圆形，与果近等大。

物候期：花期 8-10 月，果期 9-11 月。

分布范围及生境：分布于青海省刚察县。生于海拔 224 米山坡、路旁及住宅旁半阴湿处。

高原荨麻 *Urtica hyperborea*

形态特征：多年生草本。株高 50 厘米。直根系。茎具稍密刺毛和稀疏微柔毛。叶卵形或心形，长 1.5-7 厘米，先端短渐尖或尖，基部心形，具 7-8 对牙齿，上面有刺毛和稀疏糙伏毛，下面有刺毛和稀疏微柔毛；叶柄长 0.2-0.5（-1.6）厘米，托叶每节 4 枚，离生，长圆形或长圆状卵形。花雌雄同株（雄花序生下部叶腋）或异株；花序短穗状，稀近簇生状，长 1-2.5 厘米；雄花花被片合生至中部；雌花具细梗。瘦果长圆状卵圆形，长约 2 毫米，苍白或灰白色，光滑。

物候期：花期 6-7 月，果期 8-9 月。

分布范围及生境：分布于青海省祁连县。生于海拔 3000 米的高山石砾地、岩缝及山坡草地。

主要价值：具有经济价值。茎皮纤维可作纺织原料，也可制麻绳。

铁青树科 Olacaceae

■ 蒜头果属 *Malania*

蒜头果 *Malania oleifera*

形态特征：多年生草本植物。直根系。鳞茎单生，球状或扁球状，常由多数小鳞茎组成，外为数层鳞茎外皮包被，外皮白或紫色。叶宽线形或线状披针形，短于花葶，宽达 2.5 厘米。花梗纤细，长于花被片；小苞片膜质，卵形，具短尖；花常淡红色；内轮花被片卵形，长 3 毫米，外轮卵状披针形；花丝短于花被片，基部合生并与花被片贴生，内轮基部扩大，其扩大部分两侧具齿，齿端长丝状，比花被片长，外轮锥形；子房球形；花柱不伸出花被。

物候期：花期 7 月。

分布范围及生境：分布于青海省天峻县海拔约 3600 米处。

主要价值：具有食用价值。

蓼科 Polygonaceae

■ 沙拐枣属 *Calligonum*

沙拐枣 *Calligonum mongolicum*

形态特征：灌木。高 25-150 厘米。老枝为灰白色或淡黄灰色，开展，拐曲；当年生幼枝草质，灰绿色，有关节。叶线形，长 2-4 毫米。花为白色或淡红色，通常 2-3 朵，簇生叶腋；花梗细弱，下部有关节；花被片卵圆形，果时水平伸展。果实呈宽椭圆形；瘦果不扭转、微扭转或极扭转，条形、窄椭圆形至宽椭圆形；果肋突起或突起不明显，沟槽稍宽成狭窄，每肋有

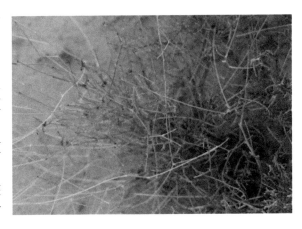

刺 2-3 行；刺等长或长于瘦果之宽，细弱，毛发状，质脆，易折断，较密或较稀疏，基部不扩大或稍扩大，中部 2-3 次 2-3 分叉。

物候期：花期 5-7 月，果期 6-8 月，8 月出现第二次花果。

分布范围及生境：分布于青海省德令哈市。生于海拔 500-1800 米的流动沙丘、半固定沙丘、固定沙丘、沙地、沙砾质荒漠及砾质荒漠的粗沙积聚处。

■ 荞麦属 *Fagopyrum*

苦荞麦 *Fagopyrum tataricum*

形态特征：一年生草本。茎直立，分枝，绿色或微呈紫色，有细纵棱，一侧具乳头状突起。叶宽三角形，两面沿叶脉具乳头状突起，下部叶具长叶柄，上部叶较小具短柄；托叶鞘偏斜，膜质，为黄褐色。花序总状，顶生或腋生，花排列稀疏；苞片呈卵形，每苞内具 2-4 花，花梗中部具关节；花被 5 深裂，为白色或淡红色，花被片呈椭圆形；雄蕊 8。瘦果呈长卵形，具 3 棱及 3 条纵沟，上部棱角锐利，下部圆钝有时具波状齿，黑褐色，无光泽，比宿存花被长。

物候期：花期 6-9 月，果期 8-10 月。

分布范围及生境：分布于青海省祁连县。生于海拔 500-3900 米的田边、路旁、山坡及河谷。

主要价值：具有饲用价值、药用价值等。种子供食用或作饲料。根供药用，能理气止痛、健脾利湿。

■ 蓼属 *Polygonum*

圆穗拳参 *Polygonum macrophyllum*

别名：圆穗蓼

形态特征：多年生草本。根状茎粗壮，弯曲。茎直立，不分枝。基生叶长圆形或披针形，长 3-11 厘米，宽 1-3 厘米，顶端急尖，基部近心形，上面绿色，下面灰绿色，有时疏生柔毛，边缘叶脉增厚，外卷；茎生叶较小狭披针形或线形，叶柄短或近无柄。总状花序呈短穗状，顶生；苞片膜质，卵形，顶端渐尖；花梗细弱，比苞片长；花被 5 深裂，淡红色或白色，花被片椭圆形；雄蕊 8，花药黑紫色；花柱 3，基部合生，柱头头状。瘦果呈卵形，具 3 棱，黄褐色，有光泽，包于宿存花被内。

物候期：花期 7-8 月，果期 9-10 月。

分布范围及生境：分布于青海省天峻县。生于海拔 2300-5000 米的山坡草地及高山草甸。

西伯利亚神血宁 *Polygonum sibiricum*

别名：西伯利亚蓼

形态特征：多年生草本。根状茎细长。茎外倾或近直立，自基部分枝，无毛。叶片呈长椭圆形或披针形，无毛，长 5-13 厘米，宽 0.5-1.5 厘米，顶端急尖或钝，基部戟形或楔形，边缘全缘；托叶鞘筒状，膜质，上部偏斜，开裂，无毛，易破裂。花序圆锥状，顶生，花排列稀疏，通常间断；苞片漏斗状，无毛，通常每 1 苞片内具 4-6 朵花；花梗短，中上部具关节。瘦果呈卵形，具 3 棱，黑色，有光泽，包于宿存的花被内或突出。

物候期：花果期 6-9 月。

分布范围及生境：分布于青海省天峻县。生于海拔 30-5100 米的路边、湖边、河滩、山谷湿地及沙质盐碱地。

柔毛蓼 *Polygonum sparsipilosum*

形态特征：一年生草本。茎细弱，高 10-30 厘米，上升或外倾，具纵棱，分枝，疏生柔毛或无毛。叶呈宽卵形，长 1-1.5 厘米，宽 0.8-1 厘米，顶端圆钝，基部宽楔形或近截形，纸质，两面疏生柔毛，边缘具缘毛；托叶鞘筒状，开裂，基部密生柔毛。花序头状，顶生或腋生，苞片卵形，膜质，每苞内具 1 朵花；花梗短；花被 4 深裂，为白色，花被片宽椭圆形，长约 2 毫米，大小不相等；能育雄蕊 2-5，花药为黄色；花柱 3，极短，柱头头状。瘦果呈卵形，具 3 棱，长约 2 毫米，为黄褐色，微有光泽，包于宿存花被内。

物候期：花期 6-7 月，果期 8-9 月。

分布范围及生境：分布于青海省祁连县。生于海拔 2300-4300 米的山坡草地及山谷湿地。

珠芽拳参 *Polygonum viviparum*

别名：山谷子

形态特征：多年生草本。根状茎粗壮，弯曲，黑褐色。茎直立，不分枝，通常 2-4 条自根状茎发出。基生叶长圆形或卵状披针形，长 3-10 厘米，宽 0.5-3 厘米，顶端尖或渐尖，基部圆形、近心形或楔形，两面无毛，边缘脉端增厚。外卷，具长叶柄；茎生叶较小披针形，近无柄；托叶鞘筒状，膜质，下部绿色，上部褐色，偏斜，开裂，无缘毛。总状花序呈穗状，顶生，紧密，下部生珠芽；苞片呈卵形，膜质，每苞内具 1-2 花；花梗细弱；花被 5 深裂，为白色或淡红色。花被片呈椭圆形；雄蕊 8。瘦果呈卵形，深褐色，有光泽，包于宿存花被内。

物候期：花期 5-7 月，果期 7-9 月。

分布范围及生境：分布于青海省天峻县。生于海拔 1200-5100 米的山坡林下、高山或亚高山草甸。

主要价值：具有药用价值。根状茎入药，能清热解毒、止血散瘀。

大黄属 *Rheum*

歧穗大黄 *Rheum przewalskyi*

形态特征：矮壮草本。无茎，根状茎顶端具多层托叶鞘，为棕褐色，干后膜质或纸质，光滑无毛。叶基生，2-4 枚，叶片革质，宽卵形或菱状宽卵形，长 10-20 厘米，宽 9-17 厘米，顶端圆钝，基部近心形，全缘，有时成极弱波状，叶上面为黄绿色，下面为紫红色，两面光滑无毛或下面具小乳突；叶柄粗壮，半圆柱状，常为紫红色，光滑无毛或粗糙。花序为穗状

的总状；花为黄白色，雄蕊 9。果实呈宽卵形或梯状卵形，顶端圆，有时微凹或微突，基部略呈心形，纵脉在翅的中部偏外缘。种子呈卵形，深褐色。

物候期：花期 7 月，果期 8 月。

分布范围及生境：分布于青海省祁连县。生于海拔 1550-5000 米山坡、山沟、林下石缝及山间洪积平原砂地。

小大黄 *Rheum pumilum*

形态特征：矮小草本。高 10-25 厘米。茎细，直立，具细纵沟纹，被有稀疏灰白色短毛，靠近上部毛较密。基生叶 2-3 枚，叶片卵状椭圆形或卵状长椭圆形，长 1.5-5 厘米，宽 1-3 厘米，近革质，顶端圆，基部浅心形，茎生叶 1-2 枚，通常叶部均具花序分枝，稀最下部一片叶腋无花序分枝，叶片较窄小近披针形。窄圆锥状花序，分枝稀而不具复枝，具稀短毛，花 2-3 朵簇生，雄蕊为 9，稀较少，不外露；子房宽椭圆形，花柱短，柱头近头状。果实呈三角形或角状卵形，顶端具小凹，基部平直或稍内，翅窄，纵脉在翅的中间部分。种子呈卵形。

物候期：花期 6-7 月，果期 8-9 月。

分布范围及生境：分布于青海省祁连县。生于海拔 2800-4500 米的山坡及灌丛下。

主要价值：具有药用价值。全草药用。有泻肠胃积滞、实热、下瘀血、消痈肿之功效。主治食积停滞、脘腹胀痛、实热内蕴、大便秘结、急性阑尾炎、黄疸、经闭、痈肿、跌打损伤。

网脉大黄 *Rheum reticulatum*

形态特征：矮壮草本。根粗，断面黄白色。叶基生，幼叶极皱缩，叶片革质，呈卵形到三角状卵形，长 5-18 厘米，下部宽 5-9 厘米，稀稍大，上部较窄，顶端急尖而稍钝，基部呈圆形或近心形，边缘略呈弱波状，各级脉在叶下面突起，脉网极显著，叶上面无毛，下面被长乳突毛，红紫色。穗状的总状花序，花密集，花葶下部粗糙或光滑；花为黄白色，花梗短，关节位于下部；花被片椭圆形；雄蕊 7-9，与花被近等长；子房倒卵状椭圆形，花柱短，稍叉开，柱头近头状。果实呈宽卵形，顶端钝或微凹，基部近心形。种子呈卵形。

物候期：花期 6 月，果期 7-8 月。

分布范围及生境：分布于青海省祁连县。生于海拔 2900-4200 米的高山岩缝及沙砾中。

穗序大黄 *Rheum spiciforme*

形态特征：矮壮草本。无茎。叶基生，叶片近革质，卵圆形或宽卵状椭圆形，长 10-20 厘米，宽 8-15 厘米，顶端圆钝，稀较窄，基部圆或浅心形，全缘，边缘略呈波状，叶上面暗绿色或黄绿色，下面紫红色，两面被乳突状毛或上面无毛。花葶 2-4 枝，穗状的总状花序，花为淡绿色，花梗细，长约 3 毫米，关节近基部；花被片呈椭圆形或长椭圆形，外轮较窄，内轮较大，长 2.2-2.5 毫米；雄蕊 9，与花被近等长，花药黄色；子房略倒卵球形，花柱短，横展，柱头大，表面有突起。果实呈矩圆状宽椭圆形，稀稍大，顶端阔圆或微凹，纵脉在翅的中间。

物候期：花期 6 月，果期 8 月。

分布范围及生境：分布于青海省德令哈市。生于海拔 4000-5000 米的高山碎石坡及河滩沙砾地。

主要价值：具有药用价值。有燥湿解毒、健胃化积功效。主治湿热滞于肌表、湿疮瘙痒、流汁绵绵、久治不愈，亦可治疗火热毒盛、疮疖肿毒。用于饮食过量、腹部胀满、呕吐酸腐、大便臭秽者。

鸡爪大黄 *Rheum tanguticum*

形态特征：高大草本。根及根状茎粗壮，黄色。茎粗，中空，具细棱线，光滑无毛或在上部的节处具粗糙短毛。茎生叶大型，叶片近圆形或及宽卵形，顶端窄长急尖，基部略呈心形，通常掌状5深裂。大型圆锥花序，分枝较紧聚，花小，为紫红色稀淡红色；花梗呈丝状，关节位于下部；花被片近椭圆形，内轮较大；雄蕊多为9，不外露；花盘薄并与花

丝基部连合成极浅盘状；子房宽卵形，花柱较短，平伸，柱头头状。果实矩圆状卵形到矩圆形，顶端圆或平截，基部略心形，纵脉近翅的边缘。种子呈卵形，为黑褐色。

物候期：花期6月，果期7-8月。

分布范围及生境：分布于青海省祁连县。生于海拔1600-3000米高山沟谷中。

主要价值：具有药用价值。根状茎及根供药用，有泻火通便、破积滞、行瘀血的功效。

酸模属 *Rumex*

皱叶酸模 *Rumex crispus*

别名：土大黄

形态特征：多年生草本。根粗壮，为黄褐色。茎直立，不分枝或上部分枝，具浅沟槽。基生叶披针形或狭披针形，长10-25厘米，宽2-5厘米，顶端急尖，基部楔形，边缘皱波状；茎生叶较小狭披针形。花序狭圆锥状，花序分枝近直立或上升；花两性；为淡绿色；花梗细，中下部具关节，关节果时稍膨大；花被片6，外花被片椭圆形，内花被片果时增大，宽卵形，网脉明显，顶端稍钝，基部近截形，边缘近全缘，全部具小瘤，稀1片具小瘤，小瘤呈卵形。瘦果呈卵形，顶端急尖，具3锐棱，为暗褐色，有光泽。

物候期：花期5-6月，果期6-7月。

分布范围及生境：分布于青海省天峻县。生于海拔30-2500米的河滩及沟边湿地。

藜科 Chenopodiaceae

■ 滨藜属 *Atriplex*

中亚滨藜 *Atriplex centralasiatica*

形态特征：一年生草本。株高 15-30 厘米。直根系。茎通常自基部分枝；枝钝四棱形，为黄绿色，无色条，有粉或下部有少数粉。叶互生，具短柄，枝上部的叶近无柄；叶片呈卵状三角形至菱状卵形，长 2-3 厘米，宽 1-2.5 厘米，边缘具疏锯齿先端微钝，基部呈圆形至宽楔形，上面为灰绿色，无粉或稍有粉，下面灰白色，有密粉。花集成腋生团伞花序；雄花花被 5 深裂，裂片呈宽卵形，雄蕊 5，花丝扁平，基部连合，花药呈宽卵形至短矩圆形；雌花的苞片近半圆形至平面钟形，边缘近基部以下合生，近基部的中心部鼓胀并木质化，表面具多数疣状或肉棘状附属物，缘部草质或硬化，边缘具不等大的三角形牙齿。胞果扁平，宽卵形或圆形，果皮膜质，白色，与种子贴伏。种子直立，呈宽卵形或圆形，径 2-3 毫米，为红褐色或黄褐色。

物候期：花期 7-8 月，果期 8-9 月。

分布范围及生境：分布于青海省德令哈市。生于海拔约 2900 米处的戈壁、荒地、海滨及盐土荒漠中。

主要价值：具有药用价值和饲用价值。带苞片的果实有益肝明目的功效，主治肝肾阴虚所致头晕目眩、视力减退、腰膝酸软、遗精消渴等症状。该植物属于低等饲用植物，可为猪、禽、牛、羊所食。

藜属 *Chenopodium*

灰绿藜 *Chenopodium glaucum*

形态特征：一年生草本。株高 20-40 厘米。直根系。茎平卧或外倾，具条棱及绿色或紫红色色条。叶片呈矩圆状卵形至披针形，长 2-4 厘米，宽 0.6-2 厘米，肥厚，先端急尖或钝，基部渐狭，边缘具缺刻状牙齿，上面无粉，平滑，下面有粉而呈灰白色，有稍带紫红色；中脉明显，为黄绿色。穗状或复穗状花序，顶生或腋生；花两性兼有雌性，通常数花聚成团伞花序；花被裂片 3-4，为浅绿色，稍肥厚，通常无粉，呈狭矩圆形或倒卵状披针形，先端通常钝；雄蕊 1-2，花丝不伸出花被，花药呈球形；柱头 2，极短。胞果顶端露出于花被外，果皮膜质，为黄白色。种子呈扁球形，横生、斜生及直立，直径约 0.75 毫米，为暗褐色或红褐色，边缘钝，表面有细点纹。

物候期：花果期 5-10 月。

分布范围及生境：分布于青海省天峻县。生于海拔约 3400 米处的轻度盐碱化的土壤中。

主要价值：具有经济价值。因其叶中富含蛋白质，而作为饲料添加剂和人类食品添加剂。

刺藜属 *Dysphania*

刺藜 *Dysphania aristata*

别名：针尖藜、刺穗藜

形态特征：一年生草本。株高 10-40 厘米，无毛。直根系。茎直立，呈圆柱状或具染色棱，无毛或稍有毛，有多数分枝。叶呈条形至狭披针形，长约 7 厘米，宽约 1 厘米，全缘，先端渐尖，基部收缩成短柄，中脉为黄白色。复合二歧聚伞花序，生于枝端及叶腋，最末端的分枝呈针刺状；花两性，几无柄；花被裂片 5，呈狭椭圆形，先端钝或骤尖，背面稍肥厚，边缘膜质，果期开展。胞果顶基扁（底面稍突），呈圆形，果皮透明，与种子贴生。种子横生，直径约 1 毫米，顶基扁，周边截平或具棱。

物候期：花期 8-9 月，果期 10 月。

分布范围及生境：分布于青海省祁连县扎麻什乡。生于海拔 2600 米左右的山坡荒地。

主要价值：具有药用价值和食用价值。具有活血、祛风止痒等功效，主治月经过多、痛经、闭经、过敏性皮炎、麻疹等症状。

菊叶香藜 *Dysphania schraderiana*

别名：菊叶刺藜、总状花藜

形态特征：一年生草本。株高 20-60 厘米，有强烈气味，全体有具节的疏生短柔毛。直根系。茎直立，具绿色色条，通常有分枝。叶片呈矩圆形，长 2-6 厘米，宽 1.5-3.5 厘米，边缘羽状浅裂至羽状深裂，先端钝或渐尖，有时具短尖头，基部渐狭，上面无毛或幼嫩时稍有毛；叶柄长 2-10 毫米。复二歧聚伞花序腋生；花两性；花被 5 深裂；裂片呈卵形至狭卵形，有狭膜质边缘，背面通常有具刺状突起的纵隆脊并有短柔毛和颗粒状腺体，果期开展；雄蕊 5，花丝扁平，花药近球形。胞果呈扁球形，果皮膜质化。种子横生，周边钝，直径 0.5-0.8 毫米，为红褐色或黑色，有光泽，具细网纹。

物候期：花期 7-9 月，果期 9-10 月。

分布范围及生境：分布于青海省祁连县。生于海拔约 2800 米处的林缘草地及沟岸中。

梭梭属 *Haloxylon*

梭梭 *Haloxylon ammodendron*

别名：琐琐

形态特征：小乔木。株高 1-9 米。直根系。树皮为灰白色，木材坚而脆；老枝为灰褐色或淡黄褐色，通常具环状裂隙；当年枝细长，斜升或弯垂。叶呈鳞片状，宽三角形，稍开展，先端钝，腋间具绵毛。花着生于二年生枝条的侧生短枝上；小苞片呈舟状，宽卵形，与花被近等长，边缘膜质；花被片呈矩圆形，先端钝，背面先端之下 1/3 处生翅状附属物；翅状附属物呈肾形至近圆形，斜伸或平展，边缘呈波状或啮蚀状，基部呈心形至楔形；花被片在翅以上部分稍内曲并围抱果实；花盘不明显。胞果为黄褐色，果皮不与种子贴生。种子为黑色；胚盘旋成上面平下面突的陀螺状，呈暗绿色。

物候期：花期 5-7 月，果期 9-10 月。

分布范围及生境：分布于青海省德令哈市。生于海拔约 2900 米处的沙丘上、盐碱土荒漠及河边沙地等处。

主要价值：具有经济价值和饲用价值。因其材质坚重而脆，燃烧火力极强，且少烟，号称"沙煤"，是产区的优质燃料，又是搭盖牲畜棚圈的好材料。其嫩枝是骆驼赖以度冬、春的好饲料。

■ 地肤属 *Kochia*

木地肤 *Kochia prostrata*

形态特征：半灌木。株高 20-80 厘米。直根系，根粗壮，木质化。茎基部木质，为浅红色或黄褐色；分枝多而密，斜升，纤细，生白色柔毛，有时生长绵毛，上部近无毛。叶互生，呈条形或丝形，长 8-25 毫米，宽 1-2 毫米，两面生稀疏柔毛，无柄。花两性兼有雌性，于当年枝的上部或分枝上集成穗状花序；花被呈球形，有密绢状毛，花被裂片呈卵形或矩圆形，先端钝，向内弯；翅状附属物呈扇形或倒卵形，膜质，具紫红色或黑褐色脉，边缘有不整齐的圆锯齿或为啮蚀状；花丝呈丝状，稍伸出花被外；柱头 2，呈丝状，为紫褐色。胞果呈扁球形，果皮厚膜质，为灰褐色。种子呈近圆形，为黑褐色，直径 1-5 毫米。

物候期：花期 7-8 月，果期 8-9 月。

分布范围及生境：分布于青海省德令哈市。生于海拔约 2900 米处的砂地、半荒漠、山谷、山坡及草原中。

主要价值：具有饲用价值。因该植物春季返青较早，冬季残株保存完好，并且粗蛋白质含量较高，故在放牧场上能被早期利用，对家畜恢复体膘、改变冬瘦春乏状况具有较大意义。

■ 驼绒藜属 *Krascheninnikovia*

驼绒藜 *Krascheninnikovia ceratoides*

别名：优若藜

形态特征：多年生灌木。株高 10-100 厘米。直根系。多分枝，且集中于下部，分枝斜展或平展。叶较小，呈条形、条状披针形、披针形或矩圆形，长 1-2（-5）厘米，宽 0.2-0.5（-1）厘米，先端急尖或钝，基部渐狭、楔形或圆形，具 1 脉或有时近基处有 2 条侧脉，极稀为羽状。雄花序较短，且紧密。雌花管呈椭圆形；花管裂片呈角状，较长，其长为管长的 1/3 到等长。果呈椭圆形，直立且被毛。

物候期：花果期 6-9 月。

分布范围及生境：分布于青海省祁连县扎麻什乡煤窑沟。生于海拔约 2700 米处的干旱山坡。

主要价值：具有饲用价值和生态价值。因其含

有较高的粗蛋白质、钙及无氮浸出物，所以为富有营养价值的饲料。还具有防风固沙、保持水土等生态价值。

猪毛菜属 *Salsola*

紫翅猪毛菜 *Salsola affinis*

形态特征：一年生草本。株高 10-30 厘米。直根系，自基部分枝；枝互生，最基部的枝近对生，上升或外倾，为乳白色，密生柔毛，有时毛脱落。叶互生，下部的叶近对生，叶片呈半圆柱状，长 1-2.5 厘米，宽 2-3 毫米，密生短柔毛。穗状花序，生于枝条的上部；苞片呈宽卵形，顶端钝，边缘膜质；小苞片呈卵形，短于花被；花被片呈披针形，膜质，无毛或有疏柔毛，果实自背面中下部生翅；翅 3 个，呈肾形，膜质，为紫红色或暗褐色，有多数细而密集的脉，花被在果期直径 5-10 毫米；花被片在翅以上部分呈披针形，膜质，向中央聚集，形成圆锥体；花药附属物呈椭圆形，为白色；柱头与花柱近等长。种子横生，有时为直立。

物候期：花期 7-8 月，果期 8-9 月。

分布范围及生境：分布于青海省德令哈市。生于海拔约 2900 米处的砾质荒漠、小丘陵及干旱黏质盐土中。

珍珠猪毛菜 *Salsola passerina*

别名：珍珠

形态特征：亚灌木。株高 15-30 厘米，植株密生丁字毛。直根系。茎粗壮，多分枝，老枝木质为灰褐色，伸展，小枝草质短枝缩短成球形，为黄绿色。叶片呈锥形或三角形，长 2-3 毫米，宽约 2 毫米。穗状花序，生于枝条的上部；苞片呈卵形；小苞片呈宽卵形，顶端尖，两侧边缘为膜质；花被片呈长卵形，背部近肉质，边缘为膜质；翅 3 个，呈肾形，膜质，微黄褐色或淡紫红色，密生细脉，2 个较小的呈倒卵形；花被片在翅以上部分生丁字毛，向中央聚集成圆锥体，在翅以下部分，无毛；花药呈矩圆形，自基部分离至近顶部；花药附属物呈披针形，顶端急尖；柱头呈丝状。胞果呈倒卵形。种子呈圆形，横生或直立。

物候期：花期 7-9 月，果期 8-9 月。

分布范围及生境：分布于青海省德令哈市。生于海拔 3900-4000 米处的山坡及砾质滩地。

主要价值：具有经济价值。种子含油量约 17%，可供工业用油。

刺沙蓬 *Salsola tragus*

别名：刺蓬、细叶猪毛菜

形态特征：一年生草本。株高 30-100 厘米。直根系。茎直立，自基部分枝，茎、枝生短硬毛或近于无毛，有白色或紫红色条纹。叶片呈半圆柱形或圆柱形，无毛或有短硬毛，长 1.5-4 厘米，宽 1-1.5 毫米，顶端有刺状尖，基部扩展，扩展处的边缘为膜质。穗状花序，生于枝条的上部；苞片呈长卵形，顶端有刺状尖，基部边缘膜质；小苞片呈卵形，顶端有刺状尖；花被片呈长卵形，膜质，无毛，背面有 1 条脉，

在果时变硬；自背面中部生 3 枚较大的翅，呈肾形或倒卵形，膜质，为无色或淡紫红色，有数条粗壮而稀疏的脉，2 个较狭窄，花被片在翅以上部分近革质，顶端为薄膜质，向中央聚集，包覆果实；柱头呈丝状，长为花柱的 3-4 倍。种子为横生，直径约 2 毫米。

物候期：花期 8-9 月，果期 9-10 月。

分布范围及生境：分布于青海省德令哈市，生于海拔约 2900 米处的河谷砂地及砾质戈壁中。

主要价值：具有药用价值。有平肝、降压的功效，主治高血压、头痛、眩晕等症状。

■ 合头草属 *Sympegma*

合头草 *Sympegma regelii*

别名：合头藜列氏合头草、黑柴

形态特征：直立小灌木。株高 30-70 厘米。直根系，根为黑褐色。茎直立，老枝为黄白至灰褐色，枝皮条裂；当年生枝为灰绿色，具有多数单节间腋生小枝；小枝基部具关节。叶互生，呈圆柱形，长 0.4-1 厘米，宽约 1 毫米，直或稍弧曲，稍肉质，先端尖，基部缢缩。花两性，无小苞片，常 3 花生于单节间的腋生小枝顶端，花簇下常具 1 对基部合生的叶状苞片，似头状花序；花被具 5 个离生花被片，外轮 2 片，内轮 3 片，呈长圆形，果时硬化；雄蕊 5，花丝呈线形，基部宽并合生，花药呈长圆状心形，先端无附属物；子房呈瓶状，柱头 2，呈钻状，向外弯，花柱极短。胞果两侧稍扁，呈圆形，果皮为淡黄色。种子近圆形，直径 1-1.2 毫米。

物候期：花果期 7-10 月。

分布范围及生境：分布于青海省德令哈市。生于海拔约 3300 米处的轻盐碱化荒漠、山坡、冲积扇及沟沿中。

主要价值：具有饲用价值和生态价值。因在营养期及幼苗期含有较高的粗蛋白质和矿物质，而粗纤维的含量较低，是品质中等的小半灌木饲料。另外，因其有良好的固沙性能，亦被作为固沙植物。

石竹科 Caryophyllaceae

■ 无心菜属 *Arenaria*

雪灵芝 *Arenaria brevipetala*

别名：短瓣雪灵芝

形态特征：多年生垫状草本。主根粗壮，木质化。茎下部密集枯叶，叶片针状线形，长 1.5-2 厘米，宽约 1 毫米，顶端渐尖，呈锋芒状，边缘狭膜质，内卷，基部较宽，膜质，抱茎，上面凹入，下面突起；茎基部的叶较密集，上部 2-3 对。花 1-2 朵，生于枝端，花枝显然超出不育枝以上；苞片呈披针形，草质；花梗被腺柔毛，顶端弯垂；萼片 5 片，卵状披针形，顶端尖，基部较宽，边缘具白色，膜质，3 脉，中脉突起，侧脉不甚明显；花瓣 5，呈卵形，为白色；花盘杯状，具 5 腺体；雄蕊 10，花丝线状，花药为黄色；子房呈球形，花柱 3。

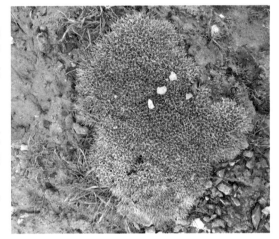

物候期：花期 6-8 月。

分布范围及生境：分布于青海省祁连县。生于海拔 3400-4600 米的高山草甸及碎石带。

主要价值：具有药用价值。川西民间全草供药用，可治肺病并有滋补作用。

密生福禄草 *Arenaria densissima*

别名：密生雪灵芝

形态特征：多年生极紧密的垫状草本。分枝极紧密地结成圆团状。叶密生于枝上，呈覆瓦状排列，叶片钻形，长 5-10 毫米，宽不足 1 毫米，顶端具刺状尖，边缘内卷，上面形成凹槽，下面呈龙骨状突起，上部外弯。花单生枝端；苞片披针形；花梗无毛；萼片椭圆形或卵形，基部较宽，边缘膜质，顶端锐尖，具 3 脉；花瓣为白色，狭匙形或匙形；雄蕊 10，花丝与萼片对生

者下部具 1 腺体，花药为紫红色；子房呈扁圆形，花柱 3。蒴果呈卵形，3 瓣裂，裂瓣顶端 2 裂。种子三角状肾形，为褐色，无毛。

物候期：花果期 6-8 月。

分布范围及生境：分布于青海省祁连县。生于海拔 3600-5250 米的高山草甸及流石滩。

■ 裸果木属 *Gymnocarpos*

裸果木 *Gymnocarpos przewalskii*

形态特征：亚灌木状。高50-100厘米。茎曲折，多分枝；树皮灰褐色，剥裂；嫩枝赭红色，节膨大。叶几无柄，叶片稍肉质，线形，略成圆柱状，长5-10毫米，宽1-1.5毫米，顶端急尖，具短尖头，基部稍收缩；托叶膜质，透明，鳞片状。聚伞花序腋生；苞片为白色，膜质，透明，宽椭圆形；花小，不显著；花萼下部连合，萼片倒披针形，顶端具芒尖，外面被短柔毛；花瓣无；外轮雄蕊无花药，内轮雄蕊花丝细，花药椭圆形，纵裂；子房近球形。瘦果包于宿存萼内。种子呈长圆形，褐色。

物候期：花期5-7月，果期8月。

分布范围及生境：分布于青海省德令哈市。生于海拔1000-2500米荒漠区的干河床、戈壁滩及砾石山坡，性耐干旱。

主要价值：具有饲用价值、生态价值等。嫩枝骆驼喜食。可作固沙植物。

■ 薄蒴草属 *Lepyrodiclis*

薄蒴草 *Lepyrodiclis holosteoides*

形态特征：一年生草本。全株被腺毛。茎具纵条纹，上部被长柔毛。叶片披针形，长3-7厘米，宽2-5毫米，顶端渐尖，基部渐狭，上面被柔毛，沿中脉较密，边缘具腺柔毛。圆锥花序开展；苞片草质，披针形或线状披针形；花梗细，密生腺柔毛；萼片5片，线状披针形，顶端尖，边缘狭膜质，外面疏生腺柔毛；花瓣5，白色，宽倒卵形，与萼片等长或稍长，顶端全缘；雄蕊通常10，花丝基部宽扁；花柱2，线形。蒴果呈卵圆形，短于宿存萼，2瓣裂。种子呈扁卵圆形，为红褐色，具突起。

物候期：花期5-7月，果期7-8月。

分布范围及生境：分布于青海省祁连县。生于海拔1200-2800米的山坡草地、荒芜农地及林缘。

主要价值：具有药用价值。花期全草药用，有利肺、托疮功效。

■ 蝇子草属 *Silene*

阿尔泰蝇子草 *Silene altaica*

形态特征：亚灌木状草本。高 15-50 厘米。根粗壮。
茎丛生，直立，不分枝或仅基部分枝，下部微粗
糙，被短柔毛，上部分泌黏液。叶片线形或钻形，
质坚硬，长 1.5-3 厘米，宽 0.5-1 毫米，顶端急尖，
边缘粗糙，基部具缘毛，后期断面呈三角形，顶
端具刺芒尖。总状花序具 2-5 花，花常互生，无毛，
分泌黏液；苞片卵形，顶端渐尖，边缘膜质，具
缘毛；花萼筒状棒形，被短柔毛，纵脉紫色，萼
齿短，卵形，顶端钝或急尖，边缘膜质，具缘毛；
雌雄蕊柄被短毛；花瓣为白色，爪微露出花萼，
狭倒披针形，无耳，瓣片 2 裂，裂片线形，顶端钝；
副花冠片小，呈长圆形；雄蕊不外露，花丝无毛；
花柱微外露。蒴果呈长圆状卵形，裂齿外弯。种
子三角状肾形，为褐色。

物候期：花期 6-7 月，果期 7-8 月。

分布范围及生境：分布于青海省刚察县。生于海
拔 1400-1850 米的石质山坡及荒漠草原。

隐瓣蝇子草 *Silene gonosperma*

别名：无瓣女娄菜

形态特征：多年生草本。根粗壮，常具多头根颈。
茎疏丛生或单生，直立，不分枝，密被短柔毛，
上部被腺毛和黏液。基生叶叶片线状倒披针形，
长 3-6 厘米，宽 4-8 毫米，基部渐狭成柄状，顶端
钝或急尖，两面被短柔毛，边缘具缘毛。花单生，
稀 2-3 朵，俯垂，花梗密被腺柔毛；苞片线状披针
形，具稀疏缘毛；花萼狭钟形，基部圆形，被柔
毛和腺毛，纵脉暗紫色，脉端不连合，萼齿三角形，
顶端钝，边缘膜质；雌雄蕊柄极短；花瓣为暗紫色，
内藏，稀微露出花萼，爪楔形，无缘毛，具圆耳，
瓣片凹缺或浅 2 裂，副花冠片缺或不明显；雄蕊
内藏，花丝无毛；花柱内藏。蒴果呈椭圆状卵形，
10 齿裂。种子圆形，压扁，褐色。

物候期：花期 6-7 月，果期 8 月。

分布范围及生境：分布于青海省祁连县。生于海拔 3000-4400 米的高山草甸。

细蝇子草 *Silene gracilicaulis*

形态特征：多年生草本。高 20-50 厘米。根粗壮，稍木质。茎疏丛生，稀较密，直立或上升，不分枝，稀下部具 1-2 分枝，无毛。基生叶叶片线状倒披针形，长 6-18 厘米，宽 2-5 毫米，基部渐狭成柄状，顶端渐尖，两面均无毛，边缘近基部具缘毛；茎生叶叶片线状披针形，比基生叶小，基部半抱茎，具缘毛。花序总状，花多数，对生，稀呈假轮生，花梗与花萼几等长，无毛；雌雄蕊柄被短毛；花瓣为白色或灰白色，下面带紫色，爪倒披针形，无毛，耳呈三角状，瓣片露出花萼，2 裂达瓣片中部或更深，裂片狭长圆形；副花冠片小，长圆形；雄蕊外露，花丝无毛；花柱外露。蒴果长圆状卵形。种子圆肾形，长约 1 毫米。

物候期：花期 7-8 月，果期 8-9 月。

分布范围及生境：分布于青海省天峻县。生于海拔 3000-4000 米多砾石的草地及山坡。

主要价值：具有药用价值。全草或根入药，治小便不利、尿痛、尿血、经闭等症。

变黑蝇子草 *Silene nigrescens*

形态特征：多年生小草本。高 10-15 厘米。根粗壮，常具多头根颈。茎丛生，直立，单一，常不分枝，被腺毛。叶片线形或狭倒披针形，长 3-6 厘米，宽 2-4 毫米，两面均被微柔毛，灰绿色或黑绿色，背面中脉突起，边缘基部具疏缘毛；茎生叶常 2-4，叶片线形或狭披针形。花单生，稀 2 或 3 朵，微俯垂，花后期直立，密被腺柔毛；苞片披针形，草质；花萼圆球形，紫色或近黑色，脉端在萼齿通常不连合，密被腺柔毛；雌雄蕊柄短，被绵毛状柔毛；爪匙状倒卵形，具耳，基部具绵毛状缘毛，瓣片轮廓宽倒卵形，为黑紫色，浅 2 裂，裂片具小圆齿，副花冠片近楔状，顶平截，具圆齿；雄蕊花丝基部多少具绵毛，花药为青紫色，微露花冠喉部；花柱微外露。蒴果近圆球形，比宿存萼短，顶端 5 齿裂。种子三角状肾形，压扁，亮褐色。

物候期：花果期 7-9 月。

分布范围及生境：分布于青海省天峻县。生于海拔 3800-4200 米的高山草甸。

■ 囊种草属 *Thylacospermum*

囊种草 *Thylacospermum caespitosum*

形态特征： 多年生垫状草本。常呈球形，直径达 30 厘米或更大，全株无毛。茎基部强烈分枝，木质化。叶排列紧密，呈覆瓦状，叶片卵状披针形，长 2-4 毫米，宽约 2 毫米，顶端短尖，质硬，有光泽。花单生茎顶，几无梗；萼片披针形，顶端钝或渐尖，具 3 条绿色脉；花瓣 5，卵状长圆形，顶端稍圆钝，基部稍狭，全缘；花盘圆形，肉质，黄色；雄蕊 10，短于萼片；花柱 3，线形，
常伸出萼外。蒴果呈球形，为黄色，具光泽，6 齿裂。种子呈肾形，具海绵质种皮。

物候期： 花期 6-7 月，果期 7-8 月。

分布范围及生境： 分布于青海省德令哈市。生于海拔（3600-）4300-6000 米山顶沼泽地、流石滩、岩石缝及高山垫状植被中。

毛茛科 Ranunculaceae

■ 乌头属 *Aconitum*

露蕊乌头 *Aconitum gymnandrum*

形态特征： 根一年生，近圆柱形，长 5-14 厘米，粗 1.5-4.5 毫米。茎高 6-25 厘米，被疏或密的短柔毛，下部有时变无毛，等距地生叶，常分枝。基生叶 1-3（-6）枚，与最下部茎生叶通常在开花时枯萎；叶片宽卵形或三角状卵形，长 3.5-6.4 厘米，宽 4-5 厘米，三全裂，全裂片二至三回深裂，小裂片狭卵形至狭披针形，表面疏被短伏毛，背面沿脉疏被长柔毛或变无毛；下部叶柄长 4-7 厘米，上部的叶柄渐变短，具狭鞘。总状花序有 6-16 花；基部苞片似叶，其他下部苞片三裂，中部以上苞片披针形至线形；小苞片生花梗上部或顶部，叶状至线形，长 0.5-1.5 厘米；萼片蓝紫色，少有白色，外面疏被柔毛，有较长爪，上萼片船形，侧萼片长 1.5-1.8 厘米，瓣片与爪近等长；花瓣疏被缘毛，距短，头状，疏被短毛；花丝疏被短毛；心皮 6-13，子房有柔毛。蓇葖果长 0.8-1.2 厘米。种子呈倒卵球形，长约 1.5 毫米，密生横狭翅。

物候期： 花期 6-8 月。

分布范围及生境： 分布于青海省祁连县。生于海拔 3100 米左右的山地草坡及河边砂地。

主要价值： 具有药用价值。全草供药用，治风湿等症。

■ **银莲花属 *Anemone*** ────────────

草玉梅 *Anemone rivularis*

别名： 五倍叶、见风青、汉虎掌、白花舌头草、虎掌草

形态特征： 植株高 15-65 厘米。根状茎木质，垂直或稍斜，粗 0.8-1.4 厘米。基生叶 3-5，有叶柄；叶片呈肾状五角形，长 2.5-7.5 厘米，宽 4.5-14 厘米，3 全裂，中全裂片宽菱形或菱状卵形，有时宽卵形，宽 2.2-7 厘米，3 深裂，深裂片上部有少数小裂片和牙齿，侧全裂片不等 2 深裂，两面都有糙伏毛；叶柄长 5-22 厘米，有白色柔毛，基部有短鞘。花葶 1-3，直立；聚伞花序，二至三回分枝；苞片 3-4，有柄，长 3.2-9 厘米，宽菱形，三裂近基部，一回裂片多少细裂，柄扁平，膜质，长 0.7-1.5 厘米，宽 4-6 毫米；花直径 2-3 厘米；萼片 7-8 片，白色，呈倒卵形或椭圆状倒卵形，外面有疏柔毛，顶端密被短柔毛；雄蕊长约为萼片一半，花药呈椭圆形，花丝为丝形；心皮 30-60，无毛，子房狭长圆形，花柱拳卷。瘦果呈狭卵球形，稍扁，长 7-8 毫米。

物候期： 花期 5-8 月。

分布范围及生境： 分布于青海省天峻县苏里乡和祁连县。生于海拔 2500-3100 米的山坡草地。

主要价值： 具有药用价值。根状茎和叶供药用，治喉炎、扁桃腺炎、肝炎、痢疾、跌打损伤等症。

■ 水毛茛属 *Batrachium*

水毛茛 *Batrachium bungei*

形态特征：多年生沉水草本。茎长 30 厘米以上，无毛或在节上有疏毛。叶有短或长柄；叶片轮廓近半圆形或扇状半圆形，直径 2.5-4 厘米，三至五回 2-3 裂，小裂片近丝形，在水外通常收拢或近叉开，无毛或近无毛；叶柄长 0.7-2 厘米，基部有宽或狭鞘，通常多少有短伏毛，偶尔叶柄只有鞘状部分。花梗无毛；萼片反折，卵状椭圆形，边缘膜质，无毛；花瓣为白色，基部黄色，倒卵形；雄蕊 10 余枚，花托有毛。聚合果呈卵球形，直径约 3.5 毫米；瘦果 20-40，斜狭倒卵形，长 1.2-2 毫米，有横皱纹。

物候期：花期 5-8 月。

分布范围及生境：分布于青海省祁连县。生于海拔 3000 米左右的山谷溪流及河滩积水地。

■ 铁线莲属 *Clematis*

中印铁线莲 *Clematis tibetana*

形态特征：木质藤本。茎有纵棱，老枝无毛，幼枝被疏柔毛。一至二回羽状复叶，小叶有柄，2-3 全裂或深裂、浅裂，中间裂片较大，宽卵状披针形，如中间裂片与两侧裂片等宽时，则裂片常成线状披针形，长 1.2-6 厘米，宽 0.2-1 厘米，顶端钝或渐尖，基部楔形或圆楔形，全缘或有数个牙齿，两侧裂片较小，下部通常 2-3 裂，或不分裂，两面被贴伏柔毛，但上面的毛常渐渐脱落。花大，单生，少数为聚伞花序，花多为 3 枚；萼片 4 片，黄色、橙黄色、黄褐色、红褐色、紫褐色，长 1.2-2.2 厘米，宽 0.8-1.5 厘米，宽长卵形或长

圆形，内面密生柔毛，外面几无毛或被疏柔毛，边缘有密绒毛；雄蕊多数，花丝狭条形，被短柔毛，花药无毛。瘦果呈狭长倒卵形，宿存花柱被长柔毛，长约 5 厘米。

物候期：花期 5-7 月，果期 7-10 月。

分布范围及生境：分布于青海省祁连县。生于海拔 2700 米左右的山谷草地。

■ 翠雀属 *Delphinium*

单花翠雀花 *Delphinium candelabrum* var. *monanthum*

形态特征：多年生草本。茎埋于石砾中，长约 6 厘米，下部无毛，上部有短柔毛。叶在茎露出地面处丛生，有长柄；叶片呈肾状五角形，宽 1-2 厘米，三全裂，叶裂片分裂程度较小，小裂片较宽，卵形，彼此多邻接；小苞片生花梗近中部处，三裂，裂片披针形；花大；萼片为蓝紫色，卵形，萼片长 1.8-3 厘米，距长 2-3 厘米；花瓣为暗褐色，疏被短毛或无毛，顶端全缘；退化雄蕊常紫色，有时下部为黑褐色，近圆形，二浅裂，腹面有黄色髯毛，爪与瓣片近等长，基部有短附属物；雄蕊无毛；心皮 3，子房被毛。

物候期：花期 8 月。

分布范围及生境：分布于青海省祁连县。生于海拔 4000 米左右的碎石坡。

主要价值：具有药用价值。全草供药用，可止泻。

川甘翠雀花 *Delphinium souliei*

形态特征：多年生草本。茎高 9-60 厘米，疏被开展的绢状柔毛，下部常变无毛，不分枝。基生叶约 5，无毛，有长柄；叶片呈半圆形或扇形，长 2-3.8 厘米，宽 2.8-8.4 厘米，基部近截形或宽楔形，三全裂，全裂片有细短柄或近无柄，细裂，末回裂片线形，宽 0.5-1.5 毫米，边缘稍反卷；叶柄长 5-11 厘米，基部有短鞘。茎生叶 1-2（-3）。总状花序有 2-15 花；基部苞片叶状，其他苞片呈披针形，长 1-1.7 厘米，密被短柔毛；花梗长 3-14 厘米，被短柔毛；小苞片生花梗上部或与花邻接并贴在花萼上，披针形或披针状线形；萼片蓝紫色，卵形或狭卵形，上萼片呈船状，外面疏被短柔毛，内面无毛，距圆筒形，直或稍向下弯，偶尔向上弯；花瓣蓝色，无毛，顶端微凹；退化雄蕊蓝色，瓣片卵形，顶端二浅裂，腹面疏被短糙毛，无髯毛；花丝有疏毛；心皮 3，子房密被短柔毛。蓇葖直。种子小，沿棱有宽翅。

物候期：花期 8-9 月。

分布范围及生境：分布于青海省祁连县。生于海拔 2800 米左右的山坡草地。

康定翠雀花 *Delphinium tatsienense*

别名：鸡爪乌

形态特征：多年生草本。茎高 30-80 厘米，叶柄密被贴伏的短柔毛，等距地生叶，上部分枝。基生叶在开花时常枯萎，茎下部叶有长柄；叶片五角形或近圆形，长 3.2-6.2 厘米，宽 4.5-8.5 厘米，三全裂，中央全裂片菱形，二至三回近羽状细裂，小裂片披针状三角形、披针形至线形，宽 1.5-2.5 毫米，侧全裂片斜扇形，二深裂近基部，表面稍密被短伏毛，背面疏被长柔毛；叶柄长 5.5-17.5 厘米。茎中部叶渐变小。总状花序，有 3-12 花；苞片线形；花梗长 3-7.5 厘米，密被反曲的白色短柔毛，常混生开展的腺毛；小苞片生于花梗中部上下，钻形；萼片深紫蓝色，呈椭圆状倒卵形或宽椭圆形，长 1-1.2 厘米，外面被

短柔毛，内面无毛，距钻形，长 2-2.5 厘米；花瓣为蓝色，无毛，顶端呈圆形；退化雄蕊蓝色，瓣片宽倒卵形，顶端不裂、微凹或不明显二浅裂，腹面有黄色髯毛；花丝疏被短毛或无毛；心皮 3，子房密被短柔毛。蓇葖长约 1.2 厘米。种子为暗褐色，倒卵状四面体形，长约 1.5 毫米，沿棱有狭翅。

物候期：花期 7-9 月。

分布范围及生境：分布于青海省祁连县。生于海拔 3000 米处的山坡草地。

主要价值：具有药用价值。根可泡酒用于治疗风毒。

■ **拟耧斗菜属** *Paraquilegia* ——————————

乳突拟耧斗菜 *Paraquilegia anemonoides*

形态特征：根状茎粗壮，有时在上部分枝，生出数丛枝叶。叶多数，为一回三出复叶，无毛；叶片轮廓三角形，宽 1-2 厘米，小叶近肾形，长约 7 毫米，宽约 10 毫米，具长

1.5-4 毫米的小叶柄，三全裂或三深裂，一回中裂片楔状宽倒卵形，顶端三浅裂或具 3 个粗圆齿，一回侧裂片斜卵形，不等二裂，二回裂片具 1-2 个粗圆齿，表面绿色，背面浅绿色；叶柄长 1.5-6 厘米。花葶 1 至数条，比叶高，长 6-9 厘米；苞片 2 枚，生于花下，不分裂，倒披针形，或三全裂，基部有膜质鞘；花直径 2 厘米或更大；萼片为浅蓝色或浅堇色，宽椭圆形至倒卵形，顶端钝；花瓣呈倒卵形，顶端微凹；心皮通常 5 枚，无毛。蓇葖果直立，连同 2 毫米的细喙共长 10-12 毫米，基部有宿存萼片。种子少数，长椭圆形至椭圆形，长 1.6-2 毫米，灰褐色，表面密被乳突状的小疣状突起。

物候期：花期 6-7 月，果期 8-10 月。

分布范围及生境：分布于青海省祁连县。生于海拔 3900 米处的山地岩石缝及山区草原。

■ 毛茛属 *Ranunculus*

云生毛茛 *Ranunculus nephelogenes*

形态特征：多年生草本。茎直立，单一呈葶状或有腋生短分枝，近无毛。基生叶多数，叶片呈披针形至线形，或外层的呈卵圆形，长 1-5 厘米，宽 2-8 毫米，全缘，基部楔形，近革质，通常无毛；叶柄有膜质长鞘。茎生叶 1-3，无柄，叶片线形，全缘，有时 3 深裂，无毛。花单生茎顶或短分枝顶端；花梗长 2-5 厘米或果期伸长，有金黄色细柔毛；萼片呈卵形，常带紫色，外面生黄色柔毛或无毛，边缘膜质；花瓣 5，倒卵形，有短爪，蜜槽呈杯状袋穴；花托在果期伸长增厚，呈圆柱形，疏生短毛。聚合果呈长圆形，瘦果呈卵球形，长约 1.5 毫米，宽约 1 毫米，大小为厚的 1.5 倍，无毛，有背腹纵肋，喙直伸。

物候期：花果期 6-8 月。

分布范围及生境：分布于青海省祁连县。生于海拔 3500 米处的高山草甸、河滩湖边及沼泽草地。

高原毛茛 *Ranunculus tanguticus*

形态特征： 多年生草本。须根系，基部稍增厚呈纺锤形。茎直立或斜升，高 10-30 厘米，多分枝，生白柔毛。基生叶多数，和下部叶均有生柔毛的长叶柄；叶片圆肾形或倒卵形，长及宽 1-4 厘米，三出复叶，小叶二至三回 3 全裂或深、中裂，末回裂片披针形至线形，宽 1-3 毫米，顶端稍尖，两面或下面贴生白柔毛；小叶柄短或近无。上部叶渐小，3-5全裂，裂片线形，宽约 1 毫米，有短柄至无柄，基部具生柔毛的膜质宽鞘。花较多，单生于茎顶和分枝顶端；花梗被白柔毛，在果期伸长；萼片呈椭圆形，生柔毛；花瓣 5，呈倒卵圆形，基部有窄长爪，蜜槽点状；花托圆柱形，较平滑，常生细毛。聚合果呈长圆形，瘦果小而多，呈卵球形，较扁，长1.2-1.5 毫米，稍大于宽，约为厚的 2 倍，无毛，喙直伸或稍弯，长 0.5-1 毫米。

物候期： 花果期 6-8 月。

分布范围及生境： 分布于青海省天峻县。生于海拔3100 米左右的山坡草地。

主要价值： 具有药用价值。全草作药用，有清热解毒之效，治淋巴结核等症。

■ 唐松草属 *Thalictrum*

展枝唐松草 *Thalictrum squarrosum*

别名： 猫爪子

形态特征： 多年生草本。全株无毛。根状茎细长，自节生出长须根。茎高 60-100 厘米，有细纵槽，通常自中部近二歧状分枝。基生叶在开花时枯萎。茎下部及中部叶有短柄，为二至三回羽状复叶；叶片长 8-18 厘米；小叶坚纸质或薄革质，顶生小叶楔状倒卵形、宽倒卵形、长圆形或圆卵形，长 0.8-2（-3.5）厘米，宽 0.6-1.5（-2.6）厘米，顶端急尖，基部楔形至圆形，通常三浅裂，裂片全缘或有 2-3 个小齿，表面脉常稍下陷，背面有白粉，脉平或稍隆起，脉网稍明显；叶柄长 1-4 厘米。花序圆锥状，近二歧状分枝；花梗细，长 1.5-3 厘米，在结果时稍增长；萼片 4 片，淡黄绿色，狭卵形，脱落；雄蕊 5-14，花药呈长圆形，有短尖头，花丝呈丝形；心皮 1-3（-5），无柄，柱头箭头状。瘦果呈狭倒卵球形或近纺锤形，稍斜，长 4-5.2 毫米，有 8 条粗纵肋，柱头长约 1.6 毫米。

物候期： 花期 7-8 月。

分布范围及生境： 分布于青海省祁连县扎麻什乡二尕公路附近。生于海拔 3000 米左右的草地及田边。

主要价值： 具有经济价值。种子含液体油，可供工业使用。

小檗科 Berberidaceae

■ 小檗属 *Berberis*

鲜黄小檗 *Berberis diaphana*

别名：黄花刺、三颗针、黄檗

形态特征：落叶灌木。株高 1-3 米。直根系。茎刺三分叉，粗壮。叶坚纸质，长圆形或倒卵状长圆形，长 1.5-4 厘米，宽 5-16 毫米，先端微钝，基部楔形，边缘具 2-12 刺齿，上面暗绿色，背面淡绿色；具短柄。花 2-5 朵簇生，偶有单生，黄色；花梗长 12-22 毫米；萼片 2 轮，外萼片近卵形，内萼片椭圆形；花瓣卵状椭圆形，先端急尖，锐裂，基部缢缩呈爪，具 2 枚分离腺体；雄蕊长约 4.5 毫米，药隔先端平截；胚珠 6-10 颖。浆果红色，卵状长圆形，先端略斜弯，有时略被白粉，具明显缩存花柱。

物候期：花期 5-6 月，果期 7-9 月。

分布范围及生境：分布于青海省祁连县。生于海拔 1620-3600 米的灌丛中、草甸、林缘、坡地及云杉林中。

主要价值：具有药用价值。根和茎含小檗碱，供药用，具有清热燥湿、泻火解毒的功效。

匙叶小檗 *Berberis vernae*

别名：西北小檗

形态特征：落叶灌木。直根系。株高约 0.5-1.5 米。老枝暗灰色，细弱，具条棱，无毛，散生黑色疣点，幼枝常带紫红色。茎刺粗壮，单生，淡黄色。叶纸质，倒披针形或匙状倒披针形，长 1-5 厘米，宽 0.3-1 厘米，先端圆钝，基部渐狭，上面亮暗绿色，中脉扁平，侧脉微显，背面淡绿色，中脉和侧脉微隆起，两面网脉显著，无毛，不被白粉，也无乳突，叶缘平展，全缘，偶具 1-3 刺齿；叶柄无毛。穗状总状花序具 15-35 朵花，无毛；花梗无毛；苞片披针形，短于花梗，长约 1.3 毫米；花为黄色；小苞片披针形，常为红色；萼片 2 轮，外萼片卵形，先端急尖，内萼片倒卵形；花瓣倒卵状椭圆形，先端近急尖，全缘，基部

缩略呈爪，具 2 枚分离腺体。浆果呈长圆形，淡红色，长 4-5 毫米，顶端不具宿存花柱，不被白粉。

物候期：花期 5-6 月，果期 8-9 月。

分布范围及生境：分布于青海省祁连县。生于海拔 2200-3850 米河滩地及山坡灌丛中。

主要价值：具有经济价值、药用价值。皮和根可作黄色染料。根可入药，有清热解毒的功效。

金花小檗 *Berberis wilsoniae*

别名：小黄连

形态特征：半常绿灌木。株高约 1 米。直根系。茎刺细弱，三分叉，淡黄色或淡紫红色。叶革质，叶片倒卵形或倒卵状匙形或倒披针形，上面暗灰绿色，网脉明显，背面灰色，网脉隆起，近无柄。花簇生；花梗棕褐色；花金黄色；小苞片卵形；外萼片卵形，内轮萼片倒卵状圆形或倒卵形，花瓣倒卵形。浆果近球形，粉红色，顶端具明显宿存花柱，微被白粉。

物候期：花期 6-9 月，果期翌年 1-2 月。

分布范围及生境：分布于青海省祁连县。生于海拔 1000-4000 米山坡、灌丛中、石山、河滩、路边、松林、栎林缘及沟边。

主要价值：具有药用价值。根枝入药，可代黄连用。具有清热、解毒、消炎的功效，主治痢疾、眼睛红肿等。

罂粟科 Papaveraceae

■ 角茴香属 *Hypecoum*

细果角茴香 *Hypecoum leptocarpum*

别名：节裂角茴香

形态特征：一年生草本。高 4-60 厘米。茎丛生，长短不一，铺散而先端向上，多分枝。基生叶多数，蓝绿色，叶柄长 1.5-10 厘米，叶片狭倒披针形，长 5-20 厘米，二回羽状全裂，裂片 4-9 对，宽卵形或卵形，疏离，近无柄，羽状深裂，小裂片披针形、卵形、狭椭圆形至倒卵形，先端锐尖；茎生叶同基生叶，但较小，具短柄或近无柄。花小，排列成二歧聚伞花序，花梗细长，每花具数枚刚毛状小苞片；萼片卵形或卵状披针形，绿色，边缘膜质，全缘，稀具小牙齿；

花瓣为淡紫色，先端绿色、全缘、近革质，里面2枚较小，3裂几达基部，中裂片匙状圆形，具短柄或无柄，边缘内弯，极全缘，侧裂片较长，长卵形或宽披针形，先端钝且极全缘；雄蕊4，与花瓣对生，花丝呈丝状，黄褐色，扁平，基部扩大，花药呈卵形，黄色。蒴果直立，圆柱形，两侧压扁，每节具1粒种子。种子扁平，宽倒卵形。

物候期：花果期6-9月。

分布范围及生境：分布于青海省天峻县。生于海拔2700-5000米的山坡、草地、山谷、河滩、砾石坡及砂质地。

主要价值：具有药用价值。全草入药，治感冒、咽喉炎、急性结膜炎，还治头痛、四肢关节痛、胆囊炎，并能解食物中毒。

十字花科 Brassicaceae

■ 碎米荠属 Cardamine

唐古碎米荠 Cardamine tangutorum

别名：石芥菜

形态特征：多年生草本。株高50厘米。直根系，根状茎细长，无匍匐茎。茎单一。基生叶柄长达12厘米，叶羽状，小叶3-5对，顶生小叶与侧生小叶相似，呈长椭圆形，长1.5-5厘米，先端尖，基部楔形，有锯齿，无小叶柄，疏生短毛；茎生叶1-3枚，生于茎中上部，叶柄基部无耳，侧生小叶基部不下延。花序顶生；萼片外面带紫色，被疏柔毛；花瓣紫或淡紫色，先端平截，基部渐窄成爪；花丝扁。长角果呈线形，扁平；果柄直立。种子呈卵形或近圆形，褐色。

物候期：花果期5-8月。

分布范围及生境：分布于青海省。生于海拔2100-4400米的高山山沟草地及林下阴湿处。

主要价值：具有食用价值和药用价值。全草食用。具有清热利湿的功效，主治黄水疮、筋骨疼痛等症状。

■ 离子芥属 *Chorispora*

离子芥 *Chorispora tenella*

别名：离子草、荠儿菜、红花荠菜

形态特征：一年生草本。株高（5-）10-40（-56）厘米，植株疏生单毛及腺毛。直根系，根纤细，少侧根。基生叶丛生，呈宽披针形，长3-8厘米，具疏齿或羽状分裂；茎生叶呈披针形，长2-4厘米，边缘具数对凹波状浅齿或近全缘。总状花序疏展；萼片呈披针形，边缘具白色膜质；花瓣为淡紫或淡蓝色，呈长匙形，先端钝圆，基部具细爪。长角果呈圆柱形，长1.5-3厘米，稍上弯，具横节，顶端喙向上渐尖；果柄与果近等粗。种子为褐色，呈长椭圆形；子叶斜缘倚胚根。

物候期：花期4-6月，果期5-8月。

分布范围及生境：分布于青海省祁连县。生于海拔2800米左右的山坡草丛中。

主要价值：具有食用价值、饲用价值和生态价值。其嫩株用开水焯后可凉拌或炒食。因在开花前期草质细嫩，适口性尚可，所以为各类家畜所采食，牛、羊乐食，马少量采食。该植物在荒漠植物群落演替、物种多样性及区域生态系统稳定性维持及土壤改良与防治水土流失等方面有较大的生态学价值，是荒漠植被恢复的先锋植物。

■ 葶苈属 *Draba*

阿尔泰葶苈 *Draba altaica*

别名：苞叶阿尔泰葶苈、小果阿尔泰葶苈、总序阿尔泰葶苈

形态特征：多年生丛生草本。株高2-7厘米。直根系，根茎分枝多，密集。花茎单一或有一侧枝，直立，常具1-2叶，很少无叶，被长单毛、有柄叉状毛及星状分枝毛。基生叶呈披针形或长圆形，长6-20毫米，宽1-2毫米，顶端渐尖，全缘或两缘有锯齿；茎生叶无柄，呈披针形。总状花序，具花8-15朵，密集成头状；萼片呈长椭圆形；花瓣白色，呈长倒卵状楔形，顶端微凹。短角果聚生近于伞房状，呈椭圆形、长椭圆形或卵形，长1-6毫米；果瓣扁平，或有槽纹。种子呈褐色。

物候期：花期6-7月。

分布范围及生境：分布于青海省天峻县。生于海拔3300-3400米处的山坡岩石边、山顶碎石上、阴坡草甸及山坡砾地。

独行菜属 *Lepidium*

独行菜 *Lepidium apetalum*

别名：腺茎独行菜、辣辣菜、拉拉罐、拉拉罐子、昌古（藏语名）、辣辣根、羊拉拉、小辣辣、羊辣罐、辣麻麻

形态特征：一年生或二年生草本。株高可达 30 厘米。直根系。茎直立，有分枝，被头状腺毛。基生叶窄匙形，一回羽状浅裂或深裂，长 3-5 厘米，叶柄长 1-2 厘米；茎生叶向上渐由窄披针形至线形，有疏齿或全缘，疏被头状腺毛；无柄。总状花序；萼片呈卵形，早落；花瓣无或退化成丝状，短于萼片；雄蕊 2 或 4。短角果呈近圆形或宽椭圆形，长 2-3 毫米，顶端微凹，有窄翅；果柄呈弧形，被头状腺毛。种子呈椭圆形，红棕色。

物候期：花期 4-8 月，果期 5-9 月。

分布范围及生境：分布于青海省德令哈市。生于海拔 2900-3000 米处的田边、草地、渠边及山坡上。

主要价值：具有食用价值和药用价值。嫩叶作野菜食用；种子作葶苈子用，亦可榨油。全草及种子供药用，有利尿、止咳、化痰的功效。

头花独行菜 *Lepidium capitatum*

形态特征：一年生或二年生草本。株高 20 厘米。直根系。匍匐或近直立，被腺毛。基生叶及下部茎生叶呈羽状半裂，长 2-6 厘米，裂片呈长圆形，长 3-5 毫米，先端尖，全缘，无毛；上部莲生叶较小，羽状半裂或仅有锯齿，无柄。总状花序，腋生，近头状；萼片呈长圆形；花瓣白色，呈倒卵状楔形；雄蕊 4。短角果呈卵形，长 2.5-3 毫米，宽约 2 毫米，顶端微凹，有不明显翅，无毛。种子 10 粒，长圆状卵形，长约 1 毫米，浅棕色。

物候期：花果期 5-9 月。

分布范围及生境：分布于青海省刚察县。生于海拔 3200-3300 米处山坡、多水草地及沟边。

主要价值：具有食用价值。

■ 念珠芥属 *Neotorularia*

蚓果芥 *Neotorularia humilis*

别名：长角肉叶荠、无毛蚓果芥、喜湿蚓果芥、窄叶蚓果芥、大花蚓果芥

形态特征：多年生草本。株高达 30 厘米。直根系。茎铺散或上升，多分枝。叶呈椭圆状倒卵形，长 0.5-3 厘米，宽 1-6 毫米，下部叶呈莲座状，具长柄，上部叶具短柄，先端圆钝，基部渐狭，全缘或具数个疏齿牙。总状花序，密集成伞房状；花梗直立和近贴伏于轴；花萼片 4 片，直立，呈矩圆形；花瓣 4，白色或淡紫红色，呈倒卵形。长角果呈条形，直或弯曲，长（0.5-）1.2-2.5 厘米，先端具短喙。种子呈椭圆形，淡褐色。

物候期：花果期 6-9 月。

分布范围及生境：分布于青海省刚察县、天峻县、祁连县和德令哈市。生于海拔 2000-4400 米的林下、河滩及草地。

主要价值：具有药用价值。全草治食物中毒、消化不良。

■ 大蒜芥属 *Sisymbrium*

垂果大蒜芥 *Sisymbrium heteromallum*

别名：短瓣大蒜芥

形态特征：一年或二年生草本。株高（20-）35-100（-150）厘米。直根系。茎直立，不分枝或分枝，被疏毛。基生叶为羽状深裂或全裂，叶片长 5-15 厘米，顶端裂片大，呈长圆状三角形或长圆状披针形，渐尖，基部常与侧裂片汇合，全缘或具齿，侧裂片呈长圆状椭圆形或卵圆状披针形；上部的叶无柄，叶片羽状浅裂，裂片呈披针形或宽条形。总状花序密集成伞房状，果期伸长；萼片为淡黄色，呈长圆形，内轮的基部略成囊状；花瓣为黄色，呈长圆形，顶端钝圆，具爪。长角果呈线形，纤细，常下垂；果瓣略隆起。种子长圆形，为黄棕色。

物候期：花期 5-8 月，果期 6-9 月。

分布范围及生境：分布于青海省天峻县苏里乡。生于海拔 3000-3200 米的林下、阴坡及河边。

主要价值：具有药用价值和食用价值。具有止咳化痰、清热解毒等功效，主治急慢性气管炎、百日咳等症状，另外全草可治淋巴结核，外敷可治肉瘤。其种子可作辛辣调味品，代芥末用。

■ 沟子荠属 *Taphrospermum*

沟子荠 *Taphrospermum altaicum*

形态特征：多年生草本。株高25厘米。直根系。茎基部多分枝，直立、外倾或铺散。叶柄长0.2-6厘米，基部叶叶柄最长，向上渐短，叶宽卵形或椭圆形，长0.6-1.5厘米，先端钝，全缘或顶端1-2个小齿。花腋生；花梗外弯；萼片膜质，黄色，呈长圆状宽卵形，先端近平截，背面隆起；花瓣白色，呈倒卵形。短角果长4-9毫米，宽2-2.5毫米，呈窄圆锥形，直或稍弯；果瓣基部呈近囊状，顶端渐尖，脉纹明显；隔膜完整，稀退化成窄边。种子每室2-4粒；子叶背倚胚根。

物候期：花果期6-9月。

分布范围及生境：分布于青海省德令哈市。生于海拔2000-4800米处的山坡、草甸、路旁、石崖下阴处及河滩草丛中。

泉沟子荠 *Taphrospermum fontanum*

别名：双脊荠

形态特征：多年生矮小草本。株高5-14厘米。直根系，根窄呈纺锤状线形，肉质，基部有鳞状小叶。茎单一，有数条平卧稀上升或直立的分枝，被倒毛或上升柔毛，稀无毛。叶不呈莲座状，基生叶和茎下部叶呈卵形或长圆形，长0.4-1厘米，向上渐变小，先端

钝圆，基部钝或楔形，全缘或波状，叶柄向上逐渐变短。总状花序，花密；萼片呈长圆形，边缘膜质；花瓣白或淡紫色，呈倒卵形或匙形，先端微缺，基部渐窄；花丝白或淡紫色，花药呈卵圆形；子房有4-8颖胚珠。短角果呈倒心形，长3-5毫米，宽5-7毫米；果瓣无毛或疏被柔毛，平滑；胎座框宽，平展。果柄无毛或近轴面有毛，稍弯。种子褐色，呈长圆形；子叶缘倚胚根。

物候期：花期6-9月，果期7-10月。

分布范围及生境：分布于青海省祁连县。生于海拔3400-3500米处的潮湿泥炭土、高山永冻层沼泽地、河边潮湿石砾地、开阔沙砾地及碎石堆中。

主要价值：具有药用价值。

菥蓂属 *Thlaspi*

菥蓂 *Thlaspi arvense*

别名：遏蓝菜、败酱、布郎鼓、布朗鼓、铲铲草、臭虫草、大蒯

形态特征：一年生草本。株高（9-）15-55（-80）厘米，全株无毛。直根系。茎单一，直立，上部常分枝。基生叶有柄，茎生叶呈长圆状披针形，长3-5厘米，先端圆钝或尖，基部箭形，抱茎，边缘有疏齿。总状花序顶生；萼片直立，呈卵形，先端钝圆；花瓣为白色，呈长圆状倒卵形，先端圆或微缺。短角果呈近圆形或倒卵形，边缘有宽翅，顶端下凹。种子呈倒卵形，稍扁平，为褐色，有同心环纹。

物候期：花期3-4月，果期5-6月。

分布范围及生境：分布于青海省祁连县扎麻什乡。生于海拔2700-2800米的路旁、沟边、山坡草地及田边。

主要价值：具有药用价值、食用价值和工业价值。具有清肝明目、和中利湿、解毒消肿等功效，主治目赤肿痛、脘腹胀痛、胁痛、肠痈、水肿、带下、疮疖痈肿等症状。幼嫩茎叶可腌制成咸菜，种子炒香后，配料煮粥，营养十分丰富。另外，种子油除食用外，还可制肥皂、燃油和润滑油，广泛用于工业生产。

景天科 Crassulaceae

瓦松属 *Orostachys*

瓦松 *Orostachys fimbriata*

形态特征：二年生草本，第一年生莲座叶。直根系。叶呈宽条形，渐尖，长1.9-3厘米，宽0.2-0.5厘米，基部叶早落，呈条形至倒披针形，与莲座叶的顶端都有一个半圆形软骨质的附属物，其边缘呈流苏状，中央有一长刺，叶宽可达5毫米，干后有暗赤色圆点。花茎高10-40厘米。花序穗状，有时下部分枝，呈塔形；花梗长可达1厘米；萼片5片，呈狭卵形；花瓣5，为紫红色，呈披针形至矩圆形；雄蕊10，与花瓣同长或稍短，花药为紫色；心皮5。蓇葖果呈长圆形，顶端具纤细喙，约1毫米。种子多数，呈卵球形。

物候期：花期8-9月，果期9-10月。

分布范围及生境：分布于青海省祁连县。生于海拔约2900米处的石质山坡中。

主要价值：具有药用价值和观赏价值。全草药用，有止血、活血、敛疮等功效，但有小毒，宜慎用。连根采摘丛栽于小盆中，放阳台上可供人们观赏。

■ 红景天属 *Rhodiola*

长鞭红景天 *Rhodiola fastigiata*

形态特征：多年生草本。直根系，根颈长达 50 厘米以上，不分枝或少分枝，每年伸出达 1.5 厘米，直径 1-1.5 厘米。老的花茎脱落，或有少数宿存的，基部鳞片呈三角形。花茎 4-10，着生主轴顶端。叶互生，呈线状长圆形、线状披针形、椭圆形至倒披针形，长 8-12 毫米，宽 1-4 毫米，先端钝，基部无柄，全缘，或有微乳头状突起。伞房状花序，花密生，雌雄异株；萼片 5 片，呈线形或长三角形；花瓣 5，为红色，呈长圆状披针形；雄蕊 10；鳞片 5，呈横长方形，先端有微缺；心皮 5，呈披针形，直立，花柱长。蓇葖果长 7-8 毫米，直立，先端稍向外弯。

物候期：花期 6-8 月，果期 9 月。

分布范围及生境：分布于青海省祁连县。生于海拔约 3600 米处的山坡石中。

主要价值：具有药用价值。有抗寒冷、抗缺氧、抗疲劳、抗微波辐射、抗衰老、抗肿瘤、抗毒、强心、增强免疫力等功效。

喜马红景天 *Rhodiola himalensis*

形态特征：多年生草本。直根系，根颈伸长，老的花茎残存，先端被三角形鳞片。花茎直立，常带红色，长 25-50 厘米，被多数透明的小腺体。叶互生，疏覆瓦状排列，呈披针形至倒披针形或倒卵形至长圆状倒披针形，长 17-27 毫米，宽 4-10 毫米，无柄，全缘或先端有齿，被微乳头状突起，尤以边缘明显，中脉明显。伞房状花序，花梗细；萼片 4 或 5 片，呈狭三角形，基部合生；花瓣 4 或 5，为深紫色，呈长圆状披针形；雌雄异株：雄蕊 8 或 10，鳞片呈长方形，先端有微缺；雌蕊心皮 4 或 5，直立，呈披针形，花柱短，向外弯。

物候期：花期5-6月，果期8月。

分布范围及生境：分布于青海省德令哈市蓄集乡。生于海拔约4300米处的高山草甸上及高山流石滩中。

主要价值：具有药用价值。内服具有抗脑缺氧、抗疲劳、活血止血、清肺止咳、化瘀消肿、解热退烧、滋补元气等功效；外敷可用来治疗跌打损伤和烧烫伤等症状。

保护等级：国家二级保护野生植物。

四裂红景天 *Rhodiola quadrifida*

形态特征：多年生草本。直根系，主根粗长，为黑褐色，先端被鳞片。老的枝茎宿存，花茎细，高3-10厘米，为稻秆色。叶互生，长5-8毫米，宽1毫米，无柄，呈线形，先端急尖，全缘。伞房状花序，花少数，花梗与花同长或较短；具4片萼片，呈线状披针形；花瓣4枚，为紫红色，呈长圆状倒卵形；雄蕊8，花丝与花药同为黄色；鳞片4，呈近长方形。蓇葖果，呈披针形，约5毫米，成熟时为暗红色。种子呈长圆形，约2毫米，为褐色，有翅。

物候期：花期5-6月，果期7-8月。

分布范围及生境：分布于青海省天峻县生格乡。生于海拔3500米处的碎石滩中。

主要价值：具有药用价值和观赏价值。根和花具有清热退烧、利肺等功效。叶形叶色较美，可供人们观赏。

保护等级：国家二级保护野生植物。

红景天 *Rhodiola rosea*

形态特征：多年生草本。直根系，根粗壮，直立，根颈短，先端被鳞片。花茎高20-30厘米。叶疏生，呈长圆形至椭圆状倒披针形或长圆状宽卵形，长7-35毫米，宽5-18毫米，先端急尖或渐尖，全缘或上部有少数牙齿，基部稍抱茎。伞房状花序，密集多花；雌雄异株；萼片4片，呈披针状线形；花瓣4，为黄绿色，呈线状倒披针形或长圆；雄花中雄蕊8，较花瓣长；鳞片4，呈长圆形，上部稍狭，先端有齿状微缺；雌花中心皮4，花柱向外弯。蓇葖呈披针形或线状披针形，直立，长6-8毫米，喙长1毫米。种子呈披针形，长2毫米，一侧有狭翅。

物候期：花期4-6月，果期7-9月。

分布范围及生境：分布于青海省祁连县。生于海拔3000米的高山草坡中。

主要价值：具有药用价值。有补气清肺、益智养心、收涩止血、散瘀消肿的功效，主治气虚体弱、病后畏寒、气短乏力、肺热咳嗽、咯血、白带腹泻、跌打损伤等症状。

保护等级：国家二级保护野生植物。

唐古红景天 *Rhodiola tangutica*

形态特征：多年生草本。直根系，主根粗长，分枝，根颈没有残留老枝茎，或有少数残留，先端被三角形鳞片。叶线形，长1-1.5厘米，宽不足1毫米，无柄。雌雄异株。雄株花茎干后为稻秆色或老后棕褐色；伞房状花序，花序下有苞叶；萼片5片，呈线状长圆形，

先端钝；花瓣 5，呈粉红色，呈长圆状披针形；雄蕊 10，呈四方形；心皮 5，呈狭披针形。雌株也为伞房状花序，果时呈倒三角形；萼片呈线状长圆形；花瓣 5，呈长圆状披针形，先端钝渐尖；鳞片呈横长方形，先端有微缺；蓇葖 5，直立，呈狭披针形，长达 1 厘米，喙短，长 1 毫米，直立或稍外弯。

物候期：花期 5-8 月，果期 8 月。

分布范围及生境：分布于青海省祁连县。生于海拔约 4300 米处的高山石缝中或近水边。

主要价值：具有药用价值。有利肺、退烧等功效。

保护等级：国家二级保护野生植物。

虎耳草科 Saxifragaceae

梅花草属 Parnassia

细叉梅花草 Parnassia oreophila

形态特征：多年生小草本。株高 17-30 厘米。直根系，根状茎粗壮，常呈长圆形或块状，其上有残存褐色鳞片，周围长出丛密细长的根。基生叶 2-8，叶片呈卵状长圆形或三角状卵形，长 2-3.5 厘米，宽 1-1.8 厘米，上面为深绿色，下面色淡；叶柄扁平，两侧均为窄膜质；托叶呈膜质，边有疏生褐色流苏状毛，早落。茎 2-9 条或更多，在中部或中部以下具 1 叶，茎生叶呈卵状长圆形，长 2.5-4.5 厘米，宽 1-2.5 厘米，先端急尖，在基部常有数条锈褐色的附属物，早落，无柄半抱茎。花单生于茎顶；萼筒呈钟状；萼片呈披针形；花瓣为白色，呈宽匙形或倒卵长圆形，有 5 条紫褐色脉；雄蕊 5，花药呈长圆形，顶生；退化雄蕊 5，与花丝近等长，具柄；子房半下位，呈长卵球形，花柱短，柱头 3 裂，花后开展。蒴果呈长卵球形，直径 5-7 毫米。种子多数，为褐色，有光泽。

物候期：花期 7-8 月，果期 9 月。

分布范围及生境：分布于青海省祁连县。生于海拔约 3200 米处的高山草地。

主要价值：具有药用价值。全草入药，有清热退烧的功效，主治高热等症状。

三脉梅花草 *Parnassia trinervis*

形态特征：多年生草本。株高 7-20（-30）厘米。直根系，根状茎呈块状、圆锥状或不规则形状，其上有褐色膜质鳞片，周围长出发达纤维状之根。基生叶 4-9，具柄，叶片呈长圆形、长圆状披针形或卵状长圆形，长 8-15 毫米，宽 5-12 毫米，上面为深绿色，下面为淡绿色，有突起弧形脉；叶柄扁平，两边为窄膜质，有褐色条纹；托叶膜质。茎 2-4 条，近基部具单个茎生叶，茎生叶与基生叶同形，较小，无柄半抱茎。花单生于茎顶；萼筒

管呈漏斗状；萼片呈披针形或长圆披针形；花瓣为白色，呈倒披针形；雄蕊 5，花药较大，呈椭圆形，顶生；退化雄蕊 5，裂片呈短棒状，先端截形；子房呈长圆形，半下位，花柱极短，柱头 3 裂，裂片直立，花后反折。蒴果 3 裂。种子多数，褐色，有光泽。

物候期：花期 7-8 月，果期 9 月开始。

分布范围及生境：分布于青海省天峻县和祁连县默勒镇。生于海拔 3300-3500 米处的山谷潮湿地、沼泽草甸及河滩中。

主要价值：具有药用价值。全草入药，有清热解毒和止咳化痰的功效。

■ 虎耳草属 *Saxifraga*

橙黄虎耳草 *Saxifraga aurantiaca*

别名：聚叶虎耳草

形态特征：多年生草本。株高 4-10.5 厘米，丛生。直根系。小主轴分枝，具莲座叶丛；花茎分枝，被褐色腺毛，具叶。小主轴之叶呈匙形，长约 8.6 毫米，宽 1.8-2 毫米，先端急尖，两面无毛，边缘疏生刚毛状睫毛，肉质肥厚；茎生叶呈线形，长约 8.4 毫米，宽约 1.1 毫米，先端急尖，两面无毛，边缘先端具极少刚毛状睫毛。聚伞花序，具 2-4 花；花梗纤细，下部被黑褐色腺毛；萼片在花期反曲，肉质肥厚，近卵形，先端钝圆，无毛；花瓣黄色，中部以下具紫色斑点，呈卵形至近长圆形，先端稍钝，基部渐狭成长爪，3-5 脉，基部侧脉旁具 2 痂体；花丝呈钻形；子房近上位，呈阔卵球形。

物候期：花果期 7-9 月。

分布范围及生境：分布于青海省祁连县。生于海拔约 4300 米处的高山草甸及石隙中。

青藏虎耳草 *Saxifraga przewalskii*

别名：松吉斗、松吉蒂

形态特征：多年生草本。株高 4-11.5 厘米，丛生。直根系。茎不分枝，具褐色卷曲柔毛。基生叶具柄，叶片呈卵形、椭圆形至长圆形，长 15-25 毫米，宽 4-8 毫米，腹面无毛，背面和边缘具褐色卷曲柔毛，叶柄基部扩大，边缘具褐色卷曲柔毛；茎生叶呈卵形至椭圆形，长 1.5-2 厘米，向上渐变小。聚伞花序伞房状，具 2-6 花；花梗密被褐色卷曲柔毛；萼片在花期反曲，呈卵形至狭卵形，先端钝，两面无毛，边缘具褐色卷曲柔毛；花瓣腹面为淡黄色且其中下部具红色斑点，背面为紫红色，呈卵形、狭卵形至近长圆形，先端钝，3-5 脉，具 2 痂体；花丝呈钻形；子房半下位，周围具环状花盘。

物候期：花期 7-8 月。

分布范围及生境：分布于青海省祁连县。生于海拔 3700-4250 米处的林下、高山草甸及高山碎石隙中。

主要价值：具有药用价值。全草入药，有清利肝胆、健胃等功效，主治肝炎、胆囊炎、感冒和消化不良等症状。

唐古特虎耳草 *Saxifraga tangutica*

别名：桑斗、甘青虎耳草

形态特征：多年生草本。株高 3.5-31 厘米，丛生。直根系。茎被褐色卷曲长柔毛。基生叶具柄，叶片呈卵形、披针形或长圆形，长 6-33 毫米，宽 3-8 毫米，两面无毛，边缘具褐色卷曲长柔毛，叶柄边缘疏生褐色卷曲长柔毛；茎生叶，下部者具柄，上部者变无柄，叶片呈披针形、长圆形至狭长圆形，长 7-17 毫米，宽 2.3-6.5 毫米，腹面无毛，背面下部和边缘具褐色卷曲柔毛。多歧聚伞花序，具 8-24 花；花梗密被褐色卷曲长柔毛；萼片在花期由直立变开展至反曲，呈卵形、椭圆形至狭卵形，两面通常无毛，有时背面下部被褐色卷曲柔毛，边缘具褐色卷曲柔毛；花瓣为黄色，或腹面为黄色而背面为紫红色，呈卵形、椭圆形至狭卵形；雄蕊长 2-2.2 毫米，花丝呈钻形；子房近下位，周围具环状花盘。

物候期：花果期 6-10 月。

分布范围及生境：分布于青海省德令哈市蓄集乡。生于海拔约 3400 米处的灌丛、高山草甸及高山碎石间隙中。

主要价值：具有药用价值。全草入药，有清热、舒肝、利胆等功效，主治多血症、肝热、胆热、瘟病时疫和高烧等症状。

爪瓣虎耳草 *Saxifraga unguiculata*

别名：赛滴、乌朱日 - 色日得格、爪虎耳草、虎爪虎耳草、色蒂、小儿黄

形态特征：多年生草本。株高 2.5-13.5 厘米，丛生。直根系。嫩枝分枝，具莲座叶丛；花茎具叶，中下部无毛，上部被褐色柔毛。莲座叶呈匙形至狭倒卵形，长 0.46-1.90 厘米，宽 1.5-6.8 毫米，两面无毛，边缘

少具刚毛；茎生叶较疏，稍肉质，呈长圆形、披针形至剑形，长4.4-8.8毫米，宽1-2.3毫米，通常两面无毛，边缘具腺睫毛，稀无毛或背面疏被腺毛。花单生于茎顶，或聚伞花序具2-8花；花梗被褐色腺毛；萼片肉质，常呈卵形，腹面和边缘无毛，背面被褐色腺毛；花瓣为黄色，中下部具橙色斑点，呈狭卵形、近椭圆形、长圆形至披针形；子房近上位，呈宽卵球形。

物候期：花果期7-8月。

分布范围及生境：分布于青海省德令哈市蓄集乡和祁连县默勒镇。生于海拔3500-4400米处的高山草甸及高山碎石隙中。

主要价值：具有药用价值。全草入药，有清热解毒的功效，主治发烧和肺热咳嗽等症状。

蔷薇科 Rosaceae

■ 委陵菜属 *Potentilla*

蕨麻 *Potentilla anserina*

别名：延寿草、人参果、蕨麻委陵菜

形态特征：多年生草本。直根系。茎匍匐，节处生根。间断羽状复叶，有6-11对小叶；基生小叶渐小呈附片状，叶柄被贴生或稍开展疏柔毛，有时脱落几无毛，小叶椭圆形、卵状披针形或长椭圆形，先端圆钝，基部楔形或宽楔形；茎生叶与基生叶相似，小叶对数较少。单花腋生；花梗长2.5-8厘米；萼片三角状卵形，副萼片椭圆形或椭圆状披针形；花瓣黄色，倒卵形；花柱侧生，小枝状，柱头稍扩大。

分布范围及生境：分布于青海省天峻县。生于海拔3300米的河岸、路边、山坡草地及草甸。

主要价值：具有药用价值和食用价值。主治贫血和营养不良。又可供甜制食品及酿酒用。

委陵菜 *Potentilla chinensis*

别名：扑地虎、生血丹、一白草

形态特征：多年生草本植物。直根系，根粗壮。花茎直立或上升，高20-70厘米。羽状复叶，有小叶5-15对；小叶片对生或互生，上部小叶较长，向下逐渐减小，无柄，长圆形、倒卵形或长圆披针形；茎生叶与基生叶相似，唯叶片对数较少；基生叶托叶近膜质，褐

色，茎生叶托叶草质，绿色，边缘锐裂。伞房状聚伞花序，基部有披针形苞片；花直径通常 0.8-1 厘米；萼片三角卵形，顶端急尖，副萼片带形或披针形；花瓣黄色，宽倒卵形，顶端微凹；花柱近顶生，基部微扩大，柱头扩大。瘦果卵球形，深褐色，有明显皱纹。

物候期： 花果期 4-10 月。

分布范围及生境： 分布于青海省天峻县。生于海拔 3400 米的山坡草地、沟谷、林缘及灌丛。

主要价值： 具有药用价值和食用价值。具有清热解毒、止血、止痢的功效。

金露梅 *Potentilla fruticosa*

别名：药王茶、金蜡梅、金老梅

形态特征： 灌木。株高 2 米。直根系。多分枝。羽状复叶，有 5（3）小叶，上面 1 对小叶基部下延与叶轴汇合，叶柄被绢毛或疏柔毛；小叶长圆形、倒卵状长圆形或卵状披针形，长 0.7-2 厘米，边缘平或稍反卷，全缘，先端急尖或圆钝，基部楔形；托叶薄膜质，外面被长柔毛或脱落。花单生或数朵生于枝顶；花梗密被长柔毛或绢毛；萼片卵形，先端急尖至短渐尖，副萼片披针形至倒卵状披针形，先端渐尖至急尖；花瓣黄色，宽倒卵形；花柱近基生，棒状，基部稍细，顶端缢缩，柱头扩大。瘦果近卵圆形，长约 1.5 毫米，外被长柔毛。

物候期： 花果期 6-9 月。

分布范围及生境： 分布于青海省祁连县。生于海拔 3400 米的山坡草地、砾石坡、灌丛及林缘。

主要价值： 具有药用价值。叶入药，具有健脾、化湿、清暑、调经的功效。

多裂委陵菜 *Potentilla multifida*

别名：白马肉、细叶委陵菜

形态特征：多年生草本。直根系。根圆柱
形。花茎上升，稀直立，高 12-40 厘米。
基生叶羽状复叶，有小叶 3-5 对，稀达 6
对，叶柄被紧贴或开展短柔毛；小叶片对
生稀互生，羽状深裂几达中脉，长椭圆形
或宽卵形；茎生叶 2-3，与基生叶形状相
似，茎生叶小叶对数向上逐渐减少；基生
叶托叶膜质，褐色，外被疏柔毛；茎生叶
托叶草质，绿色，卵形或卵状披针形，顶
端急尖或渐尖。伞房状聚伞花序，花梗长

1.5-2.5 厘米；萼片三角状卵形，副萼片披针形或椭圆披针形；花瓣黄色，倒卵形，顶端
微凹；花柱圆锥形，柱头稍扩大。瘦果平滑或具皱纹。

物候期：花期 5-8 月。

分布范围及生境：分布于青海省德令哈市。生于海拔 4300 米的山坡草地、沟谷及林缘。

主要价值：具有药用价值。带根全草入药，具有清热利湿、止血、杀虫的功效。

小叶金露梅 *Potentilla parvifolia*

形态特征：灌木。株高达 1.5 米。直根系。
羽状复叶，有（3）5-7 小叶，基部 2 对常
较靠拢近掌状或轮状排列；小叶小，披针
形、带状披针形或倒卵状披针形，长 0.7-1
厘米，先端常渐尖，稀圆钝，基部楔形，
边缘全缘；托叶全缘，外面被疏柔毛；单
花或数朵，顶生；花梗被灰白色柔毛或绢
状柔毛；萼片卵形，先端急尖，副萼片披
针形、卵状披针形或倒卵披针形，短于萼
片或近等长；花瓣黄色，宽倒卵形；花柱
近基生，棒状，基部稍细，在柱头下缢缩，
柱头扩大。瘦果被毛。

物候期：花果期 6-8 月。

分布范围及生境：分布于青海省刚察县。
生于海拔 3000 米的干燥山坡、岩石缝中、
林缘及林中。

主要价值：具有药用价值和观赏价值。主
治寒湿脚气、痒疹、乳腺炎。还是一种很
好的庭园观赏树种，可作为高海拔地区园
林绿化上的绿篱、球形造型和片植。

■ 地榆属 *Sanguisorba*

细叶地榆 *Sanguisorba tenuifolia*

别名：粉花地榆、垂穗

形态特征：多年生草本。株高 150 厘米。直根系。茎有棱，光滑。羽状复叶，小叶 7-9 对，叶柄无毛，小叶有柄，带形或带状披针形，长 5-7 厘米，基部圆、微心形或斜宽楔形，先端急尖或圆，茎生叶与基生叶相似，向上小叶对数渐少，较窄；基生叶托叶膜质，褐色，外面光滑，茎生叶托叶草质，绿色，有缺刻状锯齿。穗状花序，长圆柱形，从顶端向下开放，花序梗几无毛；苞片披针形，外面及边缘密被柔毛，比萼片短；萼片长椭圆形，粉红色，外面无毛；雄蕊 4；子房无毛或近基部有短柔毛，柱头盘状。瘦果有 4 棱，无毛。

物候期：花果期 8-9 月。

分布范围及生境：分布于青海省祁连县。生于海拔 2500 米的山坡草地、草甸及林缘。

■ 山莓草属 *Sibbaldia*

白叶山莓草 *Sibbaldia micropetala*

形态特征：多年生草本。根粗壮，圆柱形，花茎上升。羽状复叶，有小叶 4-6 对，叶柄被白色绒毛，有时脱落为稀疏柔毛；小叶通常对生，无柄，长椭圆形或倒卵长圆形；茎生叶与基生叶相似，基生叶托叶膜质，褐色；茎生叶托叶草质，叶状。花自叶腋单出，或有总梗具 2-3 花；萼片长卵形，副萼片椭圆披针形，与萼片近等长或稍短，外面密被

白色绒毛；花瓣黄色，长圆披针形；雄蕊 5 数，与萼片互生，花丝极短；花柱侧生。瘦果卵球形，褐色，部分光滑，部分有浅沟纹。

物候期：花期 6-7 月，果期 8-9 月。

分布范围及生境：分布于青海省天峻县。生于海拔 3400 米的山坡草地及河滩地。

■ 绣线菊属 *Spiraea*

高山绣线菊 *Spiraea alpina*

形态特征：灌木。株高 1.2 米。直根系。叶多数簇生，线状披针形或长圆状倒卵形，长 0.7-1.6 厘米，先端尖，稀钝圆，全缘，两面无毛；叶柄短或几无柄。总状花序，具花序梗，有 3-15 花，无毛；花梗长 5-8 毫米；苞片线形；花萼无毛；萼片三角形；花瓣倒卵形或近圆形，先端钝圆或微凹，白色；子房被短柔毛，花柱短于雄蕊。蓇葖果开张，无毛，宿存花柱近顶生，常具直立或半开张宿存萼片。

物候期：花期 6-7 月，果期 8-9 月。

分布范围及生境：分布于青海省祁连县。生于海拔 2000-4000 米的向阳坡地或灌丛中。

豆科 Fabaceae

■ 黄芪属 *Astragalus*

祁连山黄耆 *Astragalus chilienshanensis*

形态特征：多年生草本。株高 20-30 厘米。直根系。茎多少短缩，具条棱，有较少的白色或黑色柔毛。羽状复叶，有 9-13 枚小叶，长 4-7 厘米；小叶呈卵圆形或长圆形，长 1-2 厘米，宽 0.5-1 厘米，两面无毛或仅具缘毛；托叶离生，呈椭圆形，长 5-13 毫米，宽 3-7 毫米，具白色缘毛。总状花序，花序轴花后伸长；苞片呈线形，下面散生白色长柔毛；同花序轴密被黑色柔毛；花萼呈钟状，萼筒带黑紫色，无毛，萼齿呈披针

形，内面被黑色柔毛；花冠为黄色，干时呈黑褐色；子房呈狭卵形，密被白色和黑色柔毛，具柄。荚果呈纺锤形，长约 2 厘米，散生黑色柔毛，果颈与萼筒近等长，1 室，有种子 7-8 粒。种子呈肾形，暗褐色，长约 2 毫米。

物候期：花期 7 月，果期 8 月。

分布范围及生境：分布于青海省祁连县。生于海拔 3500 米左右的山坡沼泽地中。

青海黄耆 *Astragalus kukunoricus*

别名：黄萼雪地黄耆

形态特征：多年生草本。本变种与原变种的区别在于植株较高大；小叶椭圆形，上面无毛或被较稀疏的毛；花萼近果期时通常被金黄色短毛和白色毛；花冠淡蓝色或淡红色。龙骨瓣为深蓝色。

物候期：花期 7-8 月。

分布范围及生境：分布于青海省德令哈市。生于海拔 2000-3700 米的山地。

斜茎黄耆 *Astragalus laxmannii*

别名：沙打旺、直立黄芪、地丁、马拌肠、直立黄耆、漠北黄耆

形态特征：多年生草本。株高 15-20 厘米。直根系，根粗壮。茎直立或外倾，有条棱，近无毛或被稀疏伏贴毛。奇数羽状复叶，叶柄较叶轴短；托叶为白色，膜质，基部或中部以下合生；小叶呈长圆状椭圆形，先端钝圆或锐尖，两面被稀疏伏贴毛。总状花序生多数花，排列紧密，总花梗腋生，较叶长；花近无花梗；苞片呈线状披针形，先端细尖，有缘毛，膜质；花萼呈管状钟形，密被黑白色混生伏贴毛，萼齿呈丝状线形，长为萼筒的 1/2，稀等长；花冠为淡蓝紫色或乳白色，旗瓣呈长圆状狭倒卵形，顶部稍狭，先端微

凹，基部渐狭，翼瓣较旗瓣短，瓣片与瓣柄近等长，龙骨瓣较翼瓣短，瓣片半圆形，较瓣柄稍短；子房被伏贴毛，含胚珠 13-17 颗。荚果呈长圆形，长 6-7 毫米，宽约 2.5 毫米。

物候期：花期 7-8 月，果期 8-9 月。

分布范围及生境：分布于青海省天峻县阳康乡。生于海拔约 3600 米处的山坡潮湿地带。

主要价值：具有药用价值。种子可入药，为强壮剂，主治神经衰弱等症状。

雪地黄耆 *Astragalus nivalis*

形态特征：多年生草本。常密丛状，被灰白色伏贴毛。直根系。茎斜上或匍匐，高 8-25 厘米。羽状复叶，具 9-17 枚小叶，长 2-5 厘米；叶柄较叶轴短；托叶部分合生；小叶呈圆形或卵圆形，长 2-5 毫米，顶端钝圆，两面被贴伏状白毛。圆球形总状花序；总花梗被白色毛；苞片呈卵圆形，被白、黑色毛；花萼初期呈管状，果期膨大成卵圆形，被伏贴或半开展的白毛和较少的黑毛，萼齿呈狭长三角形，有黑色粗毛；花冠呈淡蓝紫色；旗瓣瓣片呈长圆状倒卵形，先端微凹，下部 1/3 处收狭成瓣柄，翼瓣较旗瓣稍短，瓣片长圆形，上部微开展，先端 2 裂，较瓣柄短，龙骨瓣较翼瓣短，瓣柄较瓣片长。荚果呈卵状椭圆形，长 5-6 毫米，薄革质，具短喙及短柄，被开展的白毛和黑毛，假 2 室。

物候期：花期 6-7 月，果期 7-8 月。

分布范围及生境：分布于青海省祁连县和德令哈市。生于海拔 2900-4000 米处的山地草原砂质土壤中。

甘青黄耆 *Astragalus tanguticus*

形态特征：多年生草本。直根系。茎平卧或上升，密被白色开展的短柔毛，多分枝。羽状复叶，具 11-21 枚小叶，长 2-4 厘米；托叶呈三角状披针形，上面无毛；小叶近对生，呈椭圆状长圆形或倒卵状长圆形，长 4-11 毫米，宽 2-4 毫米，上面有时有疏柔毛，下面被白色半开展柔毛，小叶柄短。伞形总状花序，具 4-10 花，疏被

白色或混有黑色柔毛；苞片呈披针形；小苞片细小；花萼呈钟状，疏被白色及黑色柔毛，萼齿呈线状披针形；花冠为青紫色；瓣片呈近圆形；翼瓣瓣片呈近长圆形，先端呈圆形，龙骨瓣瓣片呈倒卵形，瓣柄较短；子房有柄，密被白色柔毛，柱头被簇毛。荚果呈近圆形或长圆形，具网脉，疏被白色短柔毛，假 2 室，含多粒种子。种子为棕色，呈圆肾形，长约 2 毫米，横宽约 2.5 毫米。

物候期：花期 5-8 月，果期 8-10 月。

分布范围及生境：分布于青海省祁连县。生于海拔 2500-4300 米的山谷、山坡、干草地及草滩中。

主要价值：具有药用价值。根具有补气升阳、益气固表、托毒生肌、利水退肿等功效。

■ 锦鸡儿属 *Caragana*

鬼箭锦鸡儿 *Caragana jubata*

别名：鬼箭愁

形态特征：灌木，直立或伏地。株高 0.3-2 米，基部多分枝。树皮为深褐色、绿灰色或灰褐色。羽状复叶，具 4-6 对小叶；托叶先端呈刚毛状，不硬化成针刺；叶轴宿存，被疏柔毛；小叶呈长圆形，长 11-15 毫米，宽 4-6 毫米，先端圆或尖，具刺尖头，基部呈圆形，为绿色，被长柔毛。花梗单生，基部具关节，苞片呈线形；花萼呈钟状管形，被长柔毛，萼齿呈披针形，长为萼筒的 1/2；花冠为玫瑰色、淡紫色、粉红色或近白色，旗瓣为宽卵形，基部渐狭成长瓣柄，翼瓣近长圆形，瓣柄长为瓣片的 2/3-3/4，呈耳狭线形，长为瓣柄的 3/4，龙骨瓣先端斜截平而稍凹，瓣柄与瓣片近等长，耳短，三角形；子房被长柔毛。荚果长约 3 厘米，宽 6-7 毫米，密被丝状长柔毛。

物候期：花期 6-7 月，果期 8-9 月。

分布范围及生境：分布于青海省祁连县。生于海拔 3200 米处的山坡及林缘中。

主要价值：具有药用价值和饲用价值。具有清热解毒、降压等功效，主治乳痈、疮疖肿痛、高血压等症状。因其适口性较好，在生长季节，绵羊、山羊、牛喜食其嫩枝叶及花，马乐食，鹿秋季采食枝叶及上部的茎皮。

■ 岩黄耆属 *Hedysarum*

红花岩黄耆 *Hedysarum multijugum*

别名：红花山竹子

形态特征：半灌木。株高 40-80 厘米。直根系。茎
直立，多分枝，具细条纹，密被灰白色短柔毛。托
叶呈卵状披针形，棕褐色膜质，基部合生，具短柔
毛；叶轴被灰白色短柔毛；小叶片呈阔卵形、卵圆
形，顶端钝圆或微凹，基部圆形或圆楔形，常具短
柄，上面无毛，下面被贴伏短柔毛。总状花序腋生，
被短柔毛；苞片呈钻状，花梗与苞片近等长；萼呈
斜钟状，萼齿呈钻状或锐尖，下萼齿稍长于上萼齿，
花冠为紫红色或玫瑰状红色，旗瓣呈倒阔卵形，先
端圆形，微凹，基部呈楔形，翼瓣呈线形，长为旗
瓣的 1/2，龙骨瓣稍短于旗瓣；子房呈线形，被短
柔毛。荚果通常 2-3 节，节荚呈椭圆形或半圆形，
被短柔毛，具细网纹，边缘具较多的刺。

物候期：花期 6-8 月，果期 8-9 月。

分布范围及生境：分布于青海省德令哈市和祁连县。生于海拔 2900-3400 米处的砾石河
滩和草原地区的砾石质山坡中。

■ 苜蓿属 *Medicago*

花苜蓿 *Medicago ruthenica*

别名：扁蓿豆

形态特征：多年生草本。株高 20-70 厘米。直根系，主根深入土中，根系发达。茎四棱形，直立或上升，基部分枝，丛生。羽状三出复叶；托叶呈披针形，叶柄被柔毛；小叶形状变化很大，呈长圆状倒披针形、楔形、线形以至卵状长圆形。花序伞形，具花（4）6-9（-15）朵，苞片呈刺毛状，花梗被柔毛；萼呈钟形，被柔毛，萼齿呈披针状，花冠为黄

褐色，中央深红色至紫色条纹，旗瓣呈倒卵状长圆形、倒心形至匙形，先端凹头，翼瓣稍短，呈长圆形，龙骨瓣呈卵形，均具长瓣柄；子房呈线形，无毛，花柱短，胚珠4-8颖。荚果呈长圆形或卵状长圆形，长 8-15（-20）毫米，宽 3.5-5（-7）毫米，扁平，腹缝有时具流苏状的狭翅，熟后变黑。种子为棕色，呈椭圆状卵形，长 2 毫米，宽 1.5 毫米。

物候期：花期 6-9 月，果期 8-10 月。

分布范围及生境：分布于青海省天峻县。生于海拔 3300-3500 米处的草原、砂地、河岸及沙砾质土壤的山坡旷野中。

主要价值：具有药用价值和饲用价值。具有清热解毒、敛阴止汗等功效，主治出虚汗等症状。其幼嫩茎叶尖部分营养价值高、味美，是冬春季节猪、牛、羊、兔、家禽、马属动物的优质青绿饲料。

■ 棘豆属 *Oxytropis*

甘肃棘豆 *Oxytropis kansuensis*

别名：马绊肠、疯马豆、施巴草、田尾草、长梗棘

形态特征：多年生草本。高（8）10-20 厘米。茎细弱，铺散或直立，基部的分枝斜伸而扩展，绿色或淡灰色，疏被黑色短毛和白色糙伏毛。羽状复叶长（4）5-10（-13）厘米。多花组成头形总状花序；花梗直立，具沟纹，疏被白色间黑色短柔毛，花序下部密被卷曲黑色柔毛；苞片膜质，线形，疏被黑色的白色柔毛；花萼筒状，

密被贴伏黑色间有白色长柔毛，萼齿线形，较萼筒短或与之等长；花冠黄色，旗瓣瓣片宽卵形，先端微缺或圆，基部下延成短瓣柄，翼瓣瓣片长圆形，先端圆形，瓣片柄 5 毫米，龙骨瓣喙短三角形；子房疏被黑色短柔毛，具短柄，胚珠 9-12 颖。荚果纸质，长圆形或长圆状卵形，膨胀，密被贴伏黑色短柔毛。种子 11-12 粒，为淡褐色，呈扁圆肾形。

物候期：花期 6-9 月，果期 8-10 月。

分布范围及生境：分布于青海省德令哈市。生于海拔 2200-5300 米的路旁、高山草甸、高山林下、高山草原、山坡草地、河边草原、沼泽地、高山灌丛下、山坡林间砾石地及冰碛丘陵上。

宽苞棘豆 *Oxytropis latibracteata*

别名：黄珊

形态特征：多年生草本。高10-25厘米。羽状复叶长10-15厘米；托叶膜质，卵形或宽披针形，于1/3处与叶柄基部贴生，于基部彼此合生，分离部分三角形，先端渐尖，被开展长柔毛。5-9花组成头形或长总状花序；总花梗较叶长或与之等长，直立，具沟纹，密被短柔毛，花序下部混生密的黑色短柔毛；花冠为紫色、蓝色、蓝紫色或淡蓝色，旗瓣瓣片呈长椭圆形，先端圆，瓣片两侧不等的倒三角形，先端斜截形而微凹，耳短，瓣柄细；子房椭圆形，密被贴伏绢毛。荚果卵状长圆形，膨胀，先端尖，背面不具深沟，密被黑色和白色短柔毛，具狭隔膜，不完全2室。

物候期：花果期7-8月。

分布范围及生境：分布于青海省祁连县。生于海拔1700-4200米的山前洪积滩地、冲积扇前缘、河漫滩、干旱山坡、阴坡、山坡柏树林下、亚高山灌丛草甸及杂草草甸。

窄膜棘豆 *Oxytropis moellendorffii*

形态特征：多年生草本。为绿色，高约10厘米。根为褐色，根径约10毫米，直伸。茎缩短。丛生羽状复叶长5-10厘米；托叶膜质，披针形，基部与叶柄贴生，于基部彼此合生，被长柔毛；叶柄与叶轴上面有沟，被疏硬毛；小叶披针形或狭披针形，先端渐尖或急尖，基部圆形，边缘内卷，两面疏被短硬毛，后变无毛。3-5花组成近伞形总状花序；花梗直立，疏被开展白色长柔毛，上部混生黑色短柔毛。荚果呈长圆形，膨胀，腹缝深凹，密被黑色硬毛或白色疏柔毛；果梗极短。

物候期：花期6-7月，果期7-8月。

分布范围及生境：分布于青海省天峻县。生于海拔2400-3000米的山坡路旁及山顶阳坡岩石上。

黄花棘豆 *Oxytropis ochrocephala*

别名：马绊肠、团巴草

形态特征：多年生草本。高 10-50 厘米。根粗，圆柱状，淡褐色，侧根少。茎粗壮，直立，基部分枝多而开展，有棱及沟状纹，密被卷曲白色短柔毛和黄色长柔毛，绿色。羽状复叶长 10-19 厘米。多花组成密总状花序，以后延伸；花序下部混生黑色短柔毛；苞片线状披针形，密被开展白色长柔毛和黄色短柔毛；花萼膜质，几透明，筒状，密被开展

黄色和白色长柔毛并杂生黑色短柔毛，萼齿线状披针形；花冠黄色，旗瓣瓣片宽倒卵形，外展；子房密被贴伏黄色和白色柔毛，具短柄。荚果革质，长圆形，膨胀，先端具弯曲的喙，密被黑色短柔毛，1 室。

物候期：花期 6-8 月，果期 7-9 月。

分布范围及生境：分布于青海省天峻县。生于海拔 1900-5200 米的田埂、荒山、平原草地、林下、林间空地、山坡草地、阴坡草甸、高山草甸、沼泽地、河漫滩、干河谷阶地、山坡砾石草地及高山圆柏林下。

青海棘豆 *Oxytropis qinghaiensis*

形态特征：多年生草本。株高 10-20 厘米。直根系，主根粗壮而直伸。茎缩短，基部分枝呈丛生状。羽状复叶，托叶呈披针形具毛；叶柄与叶轴疏被贴伏柔毛；小叶呈长圆状披针形，先端渐尖或急尖，基部圆形，上面无毛或几无毛，下面疏被贴伏柔毛。总状花序；花葶比叶长 1 倍，稀近等长，无毛或具白色短柔毛；苞片较花梗长；花萼呈钟状，疏被黑色和白色短柔毛，萼齿呈三角状披针形；花冠为天蓝色或蓝紫色，旗瓣呈长椭圆状圆形，翼瓣瓣柄呈线形，子房无柄、无毛，含 10-12 颗胚珠。荚果呈长圆状卵形，被白色和黑色短柔毛，1 室；果梗极短。

物候期：花期 6-7 月，果期 7-8 月。

分布范围及生境：分布于青海省天峻县、刚察县，以及德令哈市。生于海拔 2200-4400 米的山坡、草原及碎石滩中。

多枝棘豆 *Oxytropis ramosissima*

形态特征：多年生草本。高10-20厘米，密被白色长柔毛。根淡褐色，较细，直伸。轮生羽状复叶长3-5厘米；1-2（-3）花组成腋生短总状花序；花梗密被贴伏白色柔毛；苞片线状披针形，先端尖，被白色柔毛；花萼筒状，蓝紫色，被贴伏白色柔毛，萼齿呈披针状钻形，长为萼筒之半；花冠为蓝紫色，旗瓣瓣片呈倒卵形，先端微凹，基部渐狭成瓣柄，翼瓣瓣片呈长圆形，先端斜微凹，瓣柄细，长与瓣片等长；子房含胚珠4颖，疏被短柔毛。荚果革质，椭圆形或近卵形，扁平，先端微弯，腹隔膜狭，密被短柔毛。

物候期：花期5-8月，果期8-9月。

分布范围及生境：分布于青海省天峻县。生于海拔900米左右的流动沙丘、半固定沙丘、沙质坡地及风积砂地上。

■ 野决明属 *Thermopsis*

紫花野决明 *Thermopsis barbata*

别名：紫花黄华

形态特征：多年生草本。高8-30厘米。根状茎甚粗壮。直径达2厘米，木质化。茎直立，分枝，具纵槽纹，花期全株密被白色或棕色伸展长柔毛，具丝质光泽，果期渐稀疏。三出复叶。总状花序顶生，疏松；花冠为紫色，干后有时呈蓝色，旗瓣近圆形，先端凹缺，基部截形或近心形，翼瓣和龙骨瓣近等长；子房具长柄，密被长柔毛，胚珠4-13颖。荚果呈长椭圆形，先端和基部急尖，扁平，褐色，被长伸展毛。种子大，肾形，微扁，黄褐色，种脐白色，点状。

物候期：花期6-7月，果期8-9月。

分布范围及生境：分布于青海省天峻县。生于海拔2700-4500米的河谷及山坡。

披针叶野决明 *Thermopsis lanceolata*

别名：牧马豆、披针叶黄华、东方野决明

形态特征：多年生草本。高 12-30（-40）厘米。茎直立，分枝或单一，具沟棱，被黄白色贴伏或伸展柔毛。3 小叶。总状花序顶生，具花 2-6 轮，排列疏松；花冠为黄色，旗瓣近圆形，先端微凹，基部渐狭成瓣柄；子房密被柔毛，具柄，胚珠 12-20 颖。荚果呈线形，先端具尖喙，被细柔毛，黄褐色，种子 6-14 粒，种子位于果实中央。种子圆肾形，黑褐色，具灰色蜡层，有光泽。

物候期：花期 5-7 月，果期 6-10 月。

分布范围及生境：分布于青海省刚察县。生于海拔 2900-3400 米的草原沙丘、河岸及砾滩。

主要价值：具有药用价值。植株有毒，少量供药用，有祛痰止咳功效。

野豌豆属 *Vicia*

救荒野豌豆 *Vicia sativa*

别名：苕子、马豆、野毛豆、雀雀豆、山扁豆、草藤、箭舌野豌豆、野菉豆、野豌豆、薇、大巢菜

形态特征：一年生或二年生草本。单一或多分枝，具棱，被微柔毛。偶数羽状复叶长 2-10 厘米，叶轴顶端卷须；小叶 2-7 对，长椭圆形或近心形，先端圆或平截有凹，具短尖头，基部楔形，侧脉不甚明显，两面被贴伏黄柔毛。花 1-2（-4）腋生，近无梗；萼钟形，外面被柔毛，萼齿披针形或锥形；花冠为紫红色或红色，旗瓣长倒卵圆形，先端圆，微凹，中部缢缩，翼瓣短于旗瓣，长于龙骨瓣；子房呈线形，微被柔毛，胚珠 4-8 颖，子房具柄短，花柱上部被淡黄白色髯毛。荚果线呈长圆形，表皮土黄色种间缢缩，有毛，成熟时背腹开裂，果瓣扭曲。种子 4-8 粒，呈圆球形，棕色或黑褐色，种脐长相当于种子圆周 1/5。

物候期：花期 4-7 月，果期 7-9 月。

分布范围及生境：分布于青海省祁连县。生于海拔 50-3000 米荒山、田边草丛及林中。

主要价值：具有饲用价值、药用价值等。为绿肥及优良牧草。全草药用。花果期及种子有毒，国外曾有用其提取物作抗肿瘤的报道。

牻牛儿苗科 Geraniaceae

■ 熏倒牛属 *Biebersteinia*

熏倒牛 *Biebersteinia heterostemon*

俗名：臭婆娘

形态特征：一年生草本。高 30-90 厘米，具浓烈腥臭味，全株被深褐色腺毛和白色糙毛。直根系，粗壮，少分枝。茎单一，直立，上部分枝。叶为三回羽状全裂，末回裂片长约 1 厘米，狭条形或齿状；基生叶和茎下部叶具长柄，柄长为叶片的 1.5-2 倍，上部叶柄渐短或无柄；托叶半卵形，长约 1 厘米，与叶柄合生，先端撕裂。花序为圆锥聚伞花序，长于叶，由 3 花构成的多数聚伞花序组成；苞片披针形，长 2-3 毫米，每花具 1 枚钻状小苞片；花梗长为苞片 5-6 倍；萼片呈宽卵形，先端急尖；花瓣为黄色，呈倒卵形，稍短于萼片，边缘具波状浅裂。蒴果呈肾形，不开裂，无喙。种子呈肾形，长约 1.5 毫米，宽约 1 毫米，具皱纹。

物候期：花期 7-8 月，果期 8-9 月。

分布范围及生境：分布于青海省祁连县扎麻什乡煤窑沟。生于海拔 2700 米左右的杂草坡地。

■ 老鹳草属 *Geranium*

老鹳草 *Geranium wilfordii*

形态特征：多年生草本。高 30-50 厘米。须根系，根茎直生，粗壮，具簇生纤维状细长须根，上部围以残存基生托叶。茎直立，单生，具棱槽，假二叉状分枝，被倒向短柔毛，有时上部混生开展腺毛。叶基生和茎生叶对生；托叶卵状三角形或上部为狭披针形，长 5-8 毫米，宽 1-3 毫米，基生叶和茎下部叶具长柄，被倒向短柔毛，茎上部叶柄渐短或近无柄；基生叶片圆肾形，长 3-5 厘米，宽 4-9 厘米，5 深裂，裂片倒卵状楔形，下部全缘，上部不规则状齿裂，茎生叶 3 裂，裂片长卵形或宽楔形，上部齿状浅裂，先端长渐尖，表面被短伏毛，背面沿脉被短糙毛。花序腋生和顶生，稍长于叶，总花梗被倒向短柔毛，有时混生腺毛，每梗具 2 花；苞片钻形，花梗与总花梗相似，花、果期通常直立；萼片长卵形或卵状椭圆形，先端具细尖头，背面沿脉和边缘被短柔毛，有时混生开展的腺毛；花瓣为白色或淡红色，呈倒卵形，与萼片近等长，内面基部被疏柔毛；雄蕊稍短于萼片，花丝为淡棕色，被缘毛；雌蕊被短糙状毛，花柱分枝为紫红色。蒴果长约 2 厘米，被短柔毛和长糙毛。

物候期： 花期 6-8 月，果期 8-9 月。

分布范围及生境： 分布于青海省祁连县。生于海拔 2500 米的草甸。

主要价值： 具有药用价值。全草可入药，有祛风通络之功效。

蒺藜科 Zygophyllaceae

■ 白刺属 *Nitraria*

小果白刺 *Nitraria sibirica*

别名： 卡密、酸胖、白刺、西伯利亚白刺

形态特征： 灌木。弯，多分枝，枝铺散，少直立。小枝灰白色，不孕枝先端刺针状。叶近无柄，在嫩枝上 4-6 枚簇生，倒披针形，先端锐尖或钝，基部渐窄成楔形，无毛或幼时被柔毛。聚伞花序，被疏柔毛；萼片 5 片，绿色，花瓣为黄绿色或近白色，矩圆形。果呈椭圆形或近球形，两端钝圆，熟时为暗红色，果汁暗蓝色，带紫色，味甜而微咸；果核呈卵形，先端尖。

物候期： 花期 5-6 月，果期 7-8 月。

分布范围及生境： 分布于青海省德令哈市。生于湖盆边缘沙地、盐渍化沙地及沿海盐化沙地。

主要价值： 具有生态价值、药用价值和饲用价值等。耐盐碱和沙埋，适于地下水位 1-2 米深的沙地生长。沙埋能生不定根，积沙形成小沙包。对湖盆和绿洲边缘沙地有良好的固沙作用。果入药健脾胃、助消化。枝、叶、果可作饲料。

白刺 *Nitraria tangutorum*

别名： 唐古特白刺、酸胖

形态特征： 灌木。多分枝，弯、平卧或开展；不孕枝先端刺针状；嫩枝为白色。叶在嫩枝上 2-3（4）枚簇生，宽倒披针形，长 18-30 毫米，宽 6-8 毫米，先端圆钝，基部渐窄成楔形，全缘，稀先端齿裂。花排列较密集。核果呈卵形，有时椭圆形，熟时为深红色，

果汁为玫瑰色；果核呈狭卵形，先端短渐尖。

物候期：花期 5-6 月，果期 7-8 月。

分布范围及生境：分布于青海省德令哈市。生于荒漠和半荒漠的湖盆沙地、河流阶地、山前平原积沙地及有风积沙的黏土地。

■ 骆驼蓬属 *Peganum*

骆驼蒿 *Peganum nigellastrum*

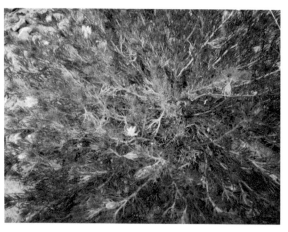

形态特征：多年生草本。高 10-25 厘米，密被短硬毛。茎直立或开展，由基部多分枝。叶二至三回深裂，裂片条形，长 0.7-10 毫米，宽不到 1 毫米，先端渐尖。花单生于茎端或叶腋，花梗被硬毛；萼片 5 片，披针形，5-7 条状深裂；花瓣为淡黄色，倒披针形，长 1.2-1.5 厘米；雄蕊 15，花丝基部扩展；子房 3 室。蒴果近球形，为黄褐色。种子多数，呈纺锤形，为黑褐色，表面有瘤状突起。

物候期：花期 5-7 月，果期 7-9 月。

分布范围及生境：分布于青海省德令哈市。生于沙质或砾质地、山前平原、丘间低地、固定或半固定沙地。

主要价值：具有药用价值。有毒。全草入药能祛湿解毒、活血止痛、宣肺止咳；种子能活筋骨、祛风湿。

驼蹄瓣属 *Zygophyllum*

戈壁驼蹄瓣 *Zygophyllum gobicum*

别名：戈壁霸王

形态特征：多年生草本。有时全株灰绿色。直根系。茎有时带橘红色，由基部多分枝，铺散，枝长 10-20 厘米。托叶常离生，呈卵形；叶柄短于小叶；小叶 1 对，呈斜倒卵形，长 5-20 毫米，宽 3-8 毫米，茎基部叶最大，向上渐小。2 花并生于叶腋；萼片 5 片，为绿色或橘红色，呈椭圆形或矩圆形；花瓣 5，为淡绿色或橘红色，呈椭圆形，比萼片短小；雄蕊长于花瓣。浆果状蒴果下垂，呈椭圆形，长 8-14 毫米，宽 6-7 毫米，两端钝，不开裂。

物候期：花期 6 月，果期 8 月。

分布范围及生境：分布于青海省德令哈市。生于海拔约 3000 米处的沙石地中。

大戟科 Euphorbiaceae

■ 大戟属 *Euphorbia*

甘肃大戟 *Euphorbia kansuensis*

别名：阴山大戟

形态特征：多年生草本。株高 20-60 厘米，全株无毛。直根系，根呈圆柱状，为肉质。茎直立，上半部分具很多纤细腋生分枝，稀疏柔毛。叶互生，呈长圆形、线形、线状披针形或倒披针形，长 6-9 厘米，灰绿色，疏生柔毛，基部楔形，边缘全缘，先端圆形的或渐尖；侧脉呈羽状，不明显；总苞叶 3-5（8）枚，同茎生叶；有卵状三角形苞叶 2 枚。花序单生二歧分枝顶端，无柄；总苞呈钟状，边缘 4 裂，裂片呈三角状卵形，全缘；具多枚雄花和 1 枚雌花。蒴果呈三角状球形，长 5.0-5.8 毫米，直径 5-6 毫米，具微皱纹，表面无毛。种子呈三棱状卵形，为淡褐色至灰褐色，长与直径均约 4 毫米，表面光滑，腹面具一条纹，种阜具柄。

物候期：花果期 4-6 月。

分布范围及生境：分布于青海省天峻县。生于海拔约 3300 米处的山坡、草丛、沟谷及灌丛。

沙生大戟 *Euphorbia kozlovii*

别名：狭叶沙生大戟、猯地青海大戟、青海大戟

形态特征：多年生草本。株高 15-20 厘米，全株无毛。直根系，根纤细，不分枝或末端少分枝。茎直立，自基部多分枝。叶互生，呈椭圆形至卵状椭圆形，长 2-4 厘米，宽 3-5

毫米，先端钝尖，基部呈楔形或近圆状楔形，无叶柄或近无柄；总苞叶 2 枚，呈卵状长三角形，无柄；伞幅 2 枚；苞叶 2 枚，与总苞叶同形，但较小。杯状聚伞花序，花序单生于二歧聚伞分枝的顶端，基部具柄；总苞呈阔钟状，无毛；边缘 5 裂，裂片呈三角状卵形，内侧被柔毛；具腺体，呈卵形或半卵形；具多枚雄花和 1 枚雌花。蒴果呈球状或卵状，长 4-5毫米，被短柔毛。种子呈卵状，长 4 毫米，直径 2.5-3毫米，有不明显的皱脊；种阜大而明显，呈盾状，为淡黄白色。

物候期：花果期 5-8 月。

分布范围及生境：分布于青海省天峻县。生于海拔约 3600 米处的退化草地及荒漠中。

甘青大戟 *Euphorbia micractina*

别名：疣果大戟

形态特征：多年生草本。株高 20-50 厘米。直根系，根呈圆柱状。茎基部 3-4 分枝。叶互生，呈长椭圆形或卵状长椭圆形，长 1-3 厘米，宽 5-7 毫米，两面无毛，全缘；侧脉呈羽状，不明显至清晰可见。顶生假伞形花序，花序单生于二歧分枝顶端，基部近无柄；总苞呈杯状，边缘 4 裂，裂片近舌状三角形；总苞叶具 5-8 枚，呈长椭圆形；苞叶常为 3 枚，呈卵圆形，先端圆，基部渐狭；雄花多枚；雌花 1 枚；子房有瘤状或刺状突起；花柱基部合生；柱头微 2 裂。蒴果呈球状，长与直径均约 3.5 毫米，果脊上被稀疏的刺状或瘤状突起。种子呈卵状，长约 2 毫米，宽约 1.5 毫米，为灰褐色，腹面具淡白色条纹。

物候期：花果期 6-7 月。

分布范围及生境：分布于青海省天峻县。生于海拔约 3500 米处的山坡、草甸、林缘及沙石砾地中。

锦葵科 Malvaceae

■ 锦葵属 *Malva*

野葵 *Malva verticillata*

别名：冬苋菜、棋盘叶、巴巴叶、芪菜、菩葵叶、土黄芪、棋盘菜、旅葵、菟葵、北锦葵

形态特征：二年生草本。直根系，株高 50-100 厘米。茎干被星状长柔毛。叶肾形或圆形，直径 5-11 厘米，通常为掌状 5-7 裂，裂片三角形，具钝尖头，边缘具钝齿，两面被极疏糙伏毛或近无毛；叶柄近无毛，上面槽内被绒毛；托叶卵状披针形，被星状柔毛。花簇生于叶腋，具极短柄至近无柄；小苞片 3，线状披针形，被纤毛；萼杯状，萼裂 5，广三角形，疏被星状长硬毛；花冠长稍微超过萼片，

为淡白色至淡红色，花瓣 5，先端凹入，爪无毛或具少数细毛；雄蕊柱被毛；花柱分枝 10-11。果实呈扁球形，径 5-7 毫米；分果爿 10-11，背面平滑，厚 1 毫米，两侧具网纹。种子肾形，径约 1.5 毫米，无毛，紫褐色。

物候期：花期 3-11 月。

分布范围及生境：分布于青海省祁连县。生于海拔约 2700 米的山坡上。

主要价值：具有药用价值和食用价值。种子、根和叶作中草药，能利水滑窍、润便利尿；鲜茎叶和根可拔毒排脓，疗疔疮疖痈。嫩苗可供蔬食。

柽柳科 Tamaricaceae

■ 水柏枝属 *Myricaria*

宽苞水柏枝 *Myricaria bracteata*

别名：河柏、水柽柳、臭红柳

形态特征：灌木。株高 0.5-3 米。直根系。多分枝，老枝为灰褐色或紫褐色，多年生枝为红棕色或黄绿色，有光泽和条纹。叶密生于当年生绿色小枝上，呈卵形、卵状披针形、线状披针形或狭长圆形，长 2-4 毫米，宽 0.5-2 毫米，常具狭膜质的边。总状花序，顶生

于当年生枝条上,密集呈穗状;苞片通常呈宽卵形或椭圆形,有时呈菱形;萼片呈披针形、长圆形或狭椭圆形,长约 4 毫米,宽 1-2 毫米;花瓣呈倒卵形或倒卵状长圆形,为粉红色、淡红色或淡紫色;雄蕊略短于花瓣,花丝部分合生;子房呈圆锥形,柱头头状。蒴果呈狭圆锥形,长 8-10 毫米。种子呈狭长圆形或狭倒卵形,长 1-1.5 毫米,顶端芒柱大部分被白色长柔毛。

物候期:花期 6-7 月,果期 8-9 月。

分布范围及生境:分布于青海省德令哈市。生于海拔约 3900 米处的河谷沙砾质河滩、湖边砂地,以及山前冲积扇沙砾质戈壁中。

主要价值:具有药用价值和生态价值。有升阳发散和解毒透疹的功效,主治麻疹、风疹、皮肤瘙痒、风湿性关节炎和酒毒等症状。另外,该植物适应性强,为水土保持树种,具有一定的生态价值。

■ 红砂属 *Reaumuria*

红砂 *Reaumuria soongarica*

别名:琵琶柴

形态特征:灌木。株高 10-30(-70)厘米。直根系。多分枝,老枝为灰棕色,小枝为红色。叶肉质,呈短圆柱形,鳞片状,上部稍粗,长 1-5 毫米,宽 0.5-1 毫米,微弯,先端钝,为灰蓝绿色,具点状泌盐腺体,常 4-6 枚簇生短枝。花单生叶腋,无梗;苞片 3,呈披针形。花萼呈钟形,5 裂,裂片呈三角形,被腺点;花瓣 5,白色略带淡红,内侧具 2 倒披针形附属物,呈薄片状;雄蕊 6-8(-12),分离,花丝基部宽,几与花瓣等长;子房呈椭圆形,花柱 3,柱头窄长。蒴果呈狭椭圆形、纺锤形或圆锥形,长约 2 毫米,通常 3-4 粒种子。种子呈长圆形,3-4 毫米,为黑色或棕色。

物候期:花期 7-8 月,果期 8-9 月。

分布范围及生境:分布于青海省德令哈市。生于海拔约 2900 米处的戈壁及沙砾山坡中。

主要价值:具有饲用价值和生态价值。是重要的饲用植物和固土固沙植物。

■ 柽柳属 *Tamarix*

多枝柽柳 *Tamarix ramosissima*

别名： 柽柳

形态特征： 灌木或小乔木状。株高 1-3（-6）米。直根系。老杆和老枝的树皮为暗灰色，当年生木质化的生长枝为淡红或橙黄色，长而直伸，有分枝，第二年生枝则颜色渐变淡。木质化生长枝上的叶呈披针形，微下延；绿色营养枝上的叶呈卵圆形或三角状心脏形，长 2-5 毫米，略向内倾，下延。总状花序生在当年生枝顶，集成顶生圆锥花序；苞片呈披针形、卵状披针形或条状钻形；花 5 瓣；萼片呈卵形；花瓣呈倒卵形，为粉红或紫色，

靠合成杯状花冠，果时宿存；花盘 5 裂，裂片顶端有凹缺；雄蕊 5，花丝细，基部着生于花盘裂片间边缘略下方；花柱 3，呈棍棒状。蒴果呈三棱圆锥状瓶形，长 3-5 毫米。

物候期： 花期 5-9 月。

分布范围及生境： 分布于青海省德令哈市。生于海拔约 2900 米处的河漫滩、河谷阶地、沙质及黏土质盐碱化的平原中。

主要价值： 具有药用价值、饲用价值、生态价值和观赏价值。其嫩枝、叶有散风解表和透疹的功效，主治感冒、麻疹不透、风湿关节痛、小便淋痛和风疹瘙痒等症状；其花有清热解毒和祛湿疹的功效，主治风疹等症状。在中国干旱地区，该植物是养驼业的重要饲料。另外，该植物还是防风、固沙、改良盐碱地的重要造林树种。最后，该植物可作为园林观赏植物，是庭院绿化的优良灌木。

瑞香科 Thymelaeaceae

■ 狼毒属 *Stellera*

狼毒 *Stellera chamaejasme*

别名：馒头花、燕子花、拔萝卜、断肠草、火柴头花、狗蹄子花、瑞香狼毒

形态特征：多年生草本。株高 20-50 厘米。直根系，根茎粗大，不分枝或分枝，棕色，内面淡红色。茎丛生，不分枝，草质，呈圆柱形，不分枝或少分，绿色，有时带紫色，无毛。叶互生，稀对生或近轮生，呈披针形或椭圆状披针形，长 1.2-2.8 厘米，宽 3-9 毫米，先端渐尖或尖，基部圆，两面无毛，全缘；叶柄基部具关节。头状花序顶生，具绿色叶状

苞片；花黄、白色或下部带紫色；无花梗；萼筒纤细，具明显纵脉；雄蕊下轮着生于花萼筒中部以上，上轮着生于花萼筒喉部，花药微伸出；子房被黄色丝状毛，几无柄，上部被丝状柔毛。果呈圆锥状，顶端有灰白色柔毛，为萼筒基部包被；果皮淡紫色，膜质。

物候期：花期 4-5 月，果期 7-9 月。

分布范围及生境：分布于青海省祁连县。生于海拔 2600-4200 米的晴朗、干燥的斜坡及沙地中。

主要价值：具有药用价值、害虫防治价值和工业价值。根入药，有祛痰、消积、止痛等功效，外敷时可治疥癣等症状。因其本身毒性较大，可作为杀虫剂应用于害虫防治中。根还可提取工业用酒精，根及茎皮可造纸。

胡颓子科 Elaeagnaceae

■ 沙棘属 *Hippophae*

沙棘 *Hippophae rhamnoides*

别名：沙枣、醋柳果、大尔卜兴（蒙语名）、醋柳、酸刺子、酸柳柳、其察日嘎纳（蒙语名）、酸刺、黑刺、黄酸刺、酸刺刺

形态特征：落叶乔木或灌木。株高 1-15（-18）米，树皮为褐绿色、淡黄棕色或黑色。直根系。棘刺较多，粗壮，顶生或侧生；嫩枝为褐绿色，密被银白色而带褐色鳞片或有时具白色星状柔毛，老枝灰黑色，粗糙；芽大，为金黄色或锈色，具粗壮棘刺。叶互生或

近对生，呈条形至条状披针形，长 2-6 厘米，宽 0.4-1.2 厘米，两端钝尖，背面密被淡白色鳞片；叶柄极短。花先叶开放，雌雄异株；短总状花序腋生于头年枝上，花小，为淡黄色，花被二裂；雄花花序轴常脱落，雄蕊 4；雌花比雄花后开放，具短梗，花被呈筒囊状，顶端二裂。果实呈圆球形，直径 4-6 毫米，为橙黄色或橘红色。种子小，呈阔椭圆形至卵形，有时稍扁，长 3-4.2 毫米，为黑色或紫黑色，具光泽。

物候期：花期 4-5 月，果期 9-10 月。

分布范围及生境：分布于青海省刚察县。生于海拔约 3200 米处的向阳山崦、谷地、干涸河床地、山坡、多砾石及沙质土壤中。

主要价值：具有药用价值和生态价值。其果实有健脾消食、止咳祛痰和活血散瘀的功效，主治脾虚食少、咳嗽痰多和瘀血症等症状。该植物为速生树种，可作水土保持用，具有一定的生态价值。

柳叶菜科 Onagraceae

■ 柳兰属 *Chamerion*

柳兰 *Chamerion angustifolium*

别名：糯芋、火烧兰、铁筷子

形态特征：多年生草本。直立，丛生。直根系；根状茎广泛匍匐于表土层，木质化。茎高 20-130 厘米，不分枝或上部分枝，圆柱状，无毛，表皮撕裂状脱落。叶螺旋状互生，稀近基部对生，无柄，茎下部的近膜质，披针状长圆形至倒卵形，长 0.5-2 厘米，常枯萎，褐色，中上部的叶近革质，线状披针形或狭披针形，长（3-）7-14（-19）厘米，宽（0.3-）0.7-1.3（-2.5）厘米，先端渐狭，基部钝圆或有时宽楔形，上面绿色或淡绿，两面无毛，边缘近全缘或稀疏浅小齿，稍微反卷。总状花序，直立，无毛；苞片下部的叶状，上部很小，三角状披针形；花在芽时下垂，到开放时直立展开；花蕾倒卵状；子房为淡红色或紫红色，被贴生灰白色柔毛；萼片为紫红色，长圆状披针形，先端渐狭渐尖，被灰白柔毛；花瓣粉红至紫红色，稀白色，稍不等大，上面二朵较长大，倒卵形或狭倒卵形，全缘或先端具浅凹缺；花药长圆形，初期红色，开裂时变紫红色，产生带蓝色的花粉；花柱开放时强烈反折，后恢复直立，下部被长柔毛；柱头白色，深 4 裂，裂片长圆状披针形，上面密生小乳突。蒴果长 4-8 厘米，密被贴生的白灰色柔毛；果梗。种子呈狭倒卵状，长 0.9-1 毫米，径 0.35-0.45 毫米，先端短渐尖，具短喙，褐色，表面近光滑但具不规则的细网纹；种缨丰富，为灰白色，不易脱落。

物候期：花期 6-9 月，果期 8-10 月。

分布范围及生境：分布于青海省祁连县。生于海拔约 2900 米处的山区半开旷或开旷较湿润草坡灌丛及砾石坡。

主要价值：具有食用价值、药用价值和经济价值。嫩苗开水煮熟后可作沙拉食用。根状茎可入药，有消炎止痛功效，主治跌打损伤。茎叶可作猪饲料，全草含鞣质，可制栲胶。

伞形科 Apiaceae

■ 柴胡属 *Bupleurum*

黑柴胡 *Bupleurum smithii*

形态特征：多年生草本。常丛生，高25-60厘米。根黑褐色，质松，多分枝。叶多，质较厚，基部叶丛生，狭长圆形或长圆状披针形或倒披针形，长10-20厘米，宽1-2厘米，顶端钝或急尖，有小突尖，基部渐狭成叶柄，中部的茎生叶狭长圆形或倒披针形，下部较窄成短柄或无柄，顶端短渐尖，基部抱茎；花瓣为黄色，有时背面带淡紫红色；花柱基干燥时紫褐色。果棕色，呈卵形，棱薄，狭翼状；每棱槽内油管3，合生面3-4。

物候期：花期7-8月，果期8-9月。

分布范围及生境：分布于青海省天峻县。生于海拔1400-3400米的山坡草地、山谷及山顶阴处。

主要价值：具有药用价值。根可入药，主治感冒发热。

■ 葛缕子属 *Carum*

田葛缕子 *Carum buriaticum*

别名：丝叶葛缕子

形态特征：多年生草本。高50-80厘米。根圆柱形。茎通常单生，稀2-5，基部有叶鞘纤

维残留物，自茎中、下部以上分枝。叶片轮廓长圆状卵形或披针形，长8-15厘米，宽5-10厘米。总苞片2-4，线形或线状披针形；伞辐10-15；小总苞片5-8，披针形；小伞形花序有花10-30，无萼齿；花瓣为白色。果实呈长卵形，每棱槽内油管1，合生面油管2。

物候期：花果期5-10月。

分布范围及生境：分布于青海省祁连县。生于田边、路旁、河岸、林下及山地草丛中。

蛇床属 *Cnidium*

蛇床 *Cnidium monnieri*

别名：山胡萝卜、蛇米、蛇粟、蛇床子

形态特征：一年生草本。高 10-60 厘米。根圆锥状，较细长。茎直立或斜上，多分枝，中空，表面具深条棱，粗糙。叶片轮廓卵形至三角状卵形，长 3-8 厘米，宽 2-5 厘米，羽片轮廓卵形至卵状披针形，先端常略呈尾状，末回裂片线形至线状披针形，具小尖头，边缘及脉上粗糙。复伞形花序；总苞片 6-10，线形至线状披针形，边缘膜质，具细睫毛；伞辐 8-20，不等长，棱上粗糙；花瓣为

白色，先端具内折小舌片；花柱基略隆起。分生果呈长圆状，横剖面近五角形，主棱 5，均扩大成翅；每棱槽内油管 1，合生面油管 2；胚乳腹面平直。

物候期：花期 4-7 月，果期 6-10 月。

分布范围及生境：分布于青海省祁连县。生于田边、路旁、草地及河边湿地。

主要价值：具有药用价值。果实"蛇床子"入药，有燥湿、杀虫止痒、壮阳之效，治皮肤湿疹、阴道滴虫、肾虚阳痿等症。

胡萝卜属 *Daucus*

野胡萝卜 *Daucus carota*

形态特征：二年生草本。高 15-120 厘米。茎单生，全体有白色粗硬毛。基生叶薄膜质，长圆形，二至三回羽状全裂，末回裂片线形或披针形，长 2-15 毫米，宽 0.5-4 毫米，顶端尖锐，有小尖头，光滑或有糙硬毛；茎生叶近无柄，有叶鞘，末回裂片小或细长。复伞形花序，花序梗有糙硬毛；总苞有多数苞片，呈叶状，羽状分裂，少有不裂的，裂片线形；伞辐多数，结果时外缘的伞辐向内

弯曲；小总苞片 5-7，线形，不分裂或 2-3 裂，边缘膜质，具纤毛；花通常为白色，有时带淡红色；花柄不等长。果实呈圆卵形，棱上有白色刺毛。

物候期：花期 5-7 月。

分布范围及生境：分布于青海省天峻县。生于海拔 3300 米左右的山坡路旁、旷野及田间。

主要价值：具有药用价值和经济价值等。果实入药，有驱虫作用，又可提取芳香油。

■ 独活属 *Heracleum*

裂叶独活 *Heracleum millefolium*

形态特征：多年生草本。高 5-30 厘米，有柔毛。根长约 20 厘米，棕褐色；颈部被有褐色枯萎叶鞘纤维。茎直立，分枝，下部叶有柄。叶片轮廓为披针形，三至四回羽状分裂，末回裂片线形或披针形，先端尖；茎生叶逐渐短缩。复伞形花序顶生和侧生；总苞片 4-5，披针形；伞辐 7-8，不等长；小总苞片线形，有毛；花白色；萼齿细小。果实呈椭圆形，背部极扁，有柔毛，背棱较细；每棱槽内有油管 1，合生面油管 2，其长度为分生果长度的一半或略超过。

物候期：花期 6-8 月，果期 9-10 月。

分布范围及生境：分布于青海省刚察县。生于海拔 3800-5000 米的山坡草地、山顶及沙砾沟谷草甸。

■ 藁本属 *Ligusticum*

岩茴香 *Ligusticum tachiroei*

形态特征：多年生草本。高 15-30 厘米。根颈粗短；根常分叉。茎单一或数条簇生，较纤细，常呈"之"字形弯曲，上部分枝，基部被有叶鞘残迹。基生叶具长柄，基部略扩大成鞘；叶片轮廓呈卵形，三回羽状全裂，末回裂片线形，具 1 脉；茎生叶少数，向上渐简化。复伞形花序少数；花瓣为白色，长卵形至卵形，先端具内折小舌片，基部具爪；花柱基圆锥形，花柱较长，后期向下反曲。分生果呈卵状长圆形，主棱突出；每棱槽内油管 1，合生面油管 2；胚乳腹面平直。

物候期：花期 7-8 月，果期 8-9 月。

分布范围及生境：分布于青海省祁连县。生于海拔 1200-2500 米的河岸湿地、石砾荒原及岩石缝间。

■ 羌活属 *Notopterygium*

宽叶羌活 *Notopterygium franchetii*

别名：大头羌

形态特征：多年生草本。高 80-180
厘米。有发达的根茎，基部多残留叶
鞘。茎直立，少分枝，圆柱形，中空，
有纵直细条纹，带紫色。叶大，三出
式二至三回羽状复叶，一回羽片 2-3
对，有短柄或近无柄，末回裂片无
柄或有短柄，长圆状卵形至卵状披针
形，长 3-8 厘米，宽 1-3 厘米；茎上
部叶少数，叶片简化，仅有 3 小叶，
叶鞘发达，膜质。复伞形花序顶生和

腋生；总苞片 1-3，线状披针形，早落；雄蕊的花丝内弯，花药呈椭圆形，为黄色；花柱 2，
短，花柱基隆起，略呈平压状。分生果近圆形，背腹稍压扁，背棱、中棱及侧棱均扩展
成翅，但发展不均匀，翅宽；油管明显，每棱槽 3-4，合生面 4；胚乳内凹。

物候期：花期 7 月，果期 8-9 月。

分布范围及生境：分布于青海省祁连县。生于海拔 1700-4500 米的林缘及灌丛内。

■ 棱子芹属 *Pleurospermum*

垫状棱子芹 *Pleurospermum hedinii*

形态特征：多年生莲座状草本。高 4-5
厘米，直径 10-15 厘米。根粗壮，圆
锥状，直伸。茎粗短，肉质，基部被
栗褐色残鞘。叶近肉质，基生叶连柄
长 7-12 厘米，叶片轮廓狭长椭圆形，
轮廓卵形或长圆形，羽状分裂，末回
裂片倒卵形或匙形，叶柄扁平；茎生
叶与基生叶同形，较小。复伞形花序
顶生；花多数；花瓣为淡红色至白色，
近圆形；花丝与花瓣近等长，花药黑
紫色，花柱基压扁，花柱直伸；子房
椭圆形，明显有呈微波状褶皱的翅。

果实呈卵形至宽卵形，为淡紫色或白色，表面有密集的细水泡状突起；果棱宽翅状，微
呈波状褶皱；每棱槽有油管 1，合生面 2。

物候期：花期 7-8 月，果期 9 月。

分布范围及生境：分布于青海省德令哈市。生于海拔 5000 米左右的山坡草地。

杜鹃花科 Ericaceae

杜鹃属 *Rhododendron*

烈香杜鹃 *Rhododendron anthopogonoides*

形态特征：常绿灌木。株高 1-1.5 米。直根系。枝条粗壮而坚挺，幼时密生鳞片或疏柔毛；叶芽鳞早落。叶芳香，革质，呈卵状椭圆形、宽椭圆形至卵形，长 2-3.5 厘米，宽 1-1.8 厘米，上面为蓝绿色，无光泽，疏被鳞片或无，下面为黄褐色或灰褐色，被密而重叠成层的暗褐色和带红棕色的鳞片；叶柄被稀疏鳞片，上面有沟槽并被白色柔毛。头状花序顶生，有花 10-20 朵；花梗短，无鳞片及毛；花萼发达，为淡黄红色或淡绿色，裂片呈长圆状倒卵形或椭圆状卵形，外面无鳞片，边缘呈蚀痕状，具少数鳞片；花冠呈狭筒状漏斗形，为淡黄绿或绿白色，少有粉色，有浓烈的芳香，外面无鳞片，或稍有微毛；雄蕊 5，内藏于花冠；子房长 1-2 毫米，5 室，被鳞片，花柱短，约与子房等长，光滑。蒴果呈卵形，长 3-4.5 毫米，具鳞片。

物候期：花期 6-7 月，果期 8-9 月。

分布范围及生境：分布于青海省祁连县。生于海拔约 3000 米处的高山坡、山地林下及灌丛。

主要价值：具有药用价值和观赏价值。叶及嫩枝入药，有祛痰、止咳和平喘的功效，主治咳嗽、气喘和痰多等症状。另外，杜鹃枝繁叶茂、绮丽多姿、萌发力强、耐修剪、根桩奇特，是优良的盆景材料。

青海杜鹃 *Rhododendron qinghaiense*

形态特征：常绿小灌木。直根系。多分枝，枝条向上逐渐密集，为黑灰色，树皮纵裂，密被栗色鳞片。叶密生于枝顶，革质，呈长圆形，长 6-8 毫米，上面为暗绿色，被灰白色鳞片，下面为锈栗色，密被锈色鳞片。花芽呈长圆形或卵形，被鳞片，芽鳞边缘有褐色腺毛。花序顶生，常具 2 花，花萼为紫红色，膜质，深裂至基部，裂片被金黄色鳞片，具缘毛；花冠呈漏斗形，花管较花冠裂片短，与花萼近等长，内面近喉部被长柔毛；裂片呈椭圆形，外面无鳞片；雄蕊 8，花丝近基部被长柔毛。蒴果呈长圆形，密被金黄色鳞片。

物候期：花果期 5-7 月。

分布范围及生境：分布于青海省祁连县。生于海拔约 4000 米处的山地阴坡。

千里香杜鹃 *Rhododendron thymifolium*

形态特征：常绿直立小灌木。株高 0.3-1.3 米。直根系。分枝多而细瘦，疏展或成帚状；枝条纤细，为灰棕色，无毛，密被暗色鳞片。叶常聚生于枝顶，近革质，呈椭圆形、长圆形、窄倒卵形或卵状披针形，长 5-12 毫米，宽 2-5 毫米，上面为灰绿色，无光泽，密被银白色或淡黄色鳞片，下面为黄绿色，被银白色、灰褐色至麦黄色的鳞片，相邻接至重叠；叶柄密被鳞片，无毛。花单生枝顶，偶有双生，花芽鳞常宿存；花梗密被鳞片，无毛；花萼小，呈环状，带红色；裂片呈三角形、卵形至圆形，外面鳞片及缘毛多变，有或无；花冠呈宽漏斗状，为鲜紫蓝以至深紫色，花管短，外面 2 或无散生鳞片，内面被柔毛；雄蕊 10，伸出花冠，花丝基部被柔毛或光滑；子房密被淡黄色鳞片，花柱短，细长，为紫色，无毛或近基部被少数鳞片或毛。蒴果呈卵圆形，长 2-3 毫米，被鳞片。

物候期：花期 5-7 月，果期 9-10 月。

分布范围及生境：分布于青海省祁连县。生于林缘及高山灌丛中。

主要价值：具有药用价值。花和枝叶入药，有止咳平喘和祛痰的功效，主治慢性气管炎和哮喘等症状。

报春花科 Primulaceae

点地梅属 *Androsace*

长叶点地梅 *Androsace longifolia*

形态特征：多年生草本。直根系，具少数支根。当年生叶丛叠生于老叶丛上，无节间；叶同型，无柄；叶呈线形或线状披针形，长 0.5-3（5）厘米，灰绿色，先端尖并具小尖头，两面无毛，边缘微具短毛。花葶极短或长达 1 厘米，藏于叶丛中，被柔毛；伞形花序，4-7（10）花；苞片呈线形；花梗密被长柔毛和腺体；花萼呈窄钟形，分裂达中部，裂片呈宽披针形或三角状披针形，锐尖，疏被短柔毛和缘毛；花冠白或带红色，裂片成倒卵状椭圆形，近全缘或先端微凹。

物候期：花期 5-6 月。

分布范围及生境：分布于青海省德令哈市。生于海拔 3300-3400 米处的多石砾山坡、岗顶及砾石质草原中。

主要价值：具有药用价值。有清热解毒、消肿止痛的功效，主治扁桃体炎、咽喉炎、风火赤眼、跌打损伤、咽喉肿痛等症状。

垫状点地梅 *Androsace tapete*

别名：王梅

形态特征：多年生草本。植株为半球形垫状体。直根系，由多数根出短枝紧密排列而成。叶 2 型，无柄；外层叶呈舌形或长椭圆形，长 2-3 毫米，先端钝，近无毛；内层叶呈线形或窄倒披针形，长 2-3 毫米，下面上半部密集白色画笔状毛。花萼近无或极短；花单生，无梗或梗极短，仅花冠裂片露出叶丛；苞片线呈形，膜质；花萼呈筒状，分裂达全长 1/3，裂片呈三角形，边缘具绢毛；花冠粉红色，裂片呈倒卵形，边缘微呈波状。

物候期：花期 6-7 月。

分布范围及生境：分布于青海省。生于海拔 3500-5000 米的砾石山坡、河谷阶地及平缓的山顶。

主要价值：具有药用价值。西藏民间习用全草煅烧成炭治肿瘤。

海乳草属 *Glaux*

海乳草 *Glaux maritima*

别名：西尚（青海藏族土名译音）

形态特征：多年生草本。株高 3-25 厘米。直根系，根茎具鳞片状、近膜质的叶。茎直立或平卧在基部，肉质，单一或分枝。叶对生或互生，近无柄；叶肉质，呈线形、线状长圆形或近匙形，长 0.4-1.5 厘米，先端钝或稍尖，基部楔形，全缘。花单生叶腋，具短梗；无花冠；花萼白或粉红色，花冠状，通常分裂达中部，裂片 5，呈倒卵状长圆形；雄蕊 5，着生花萼基部，与萼片互生；花丝呈钻形或丝状，花药呈卵心形，顶端钝；子房呈卵球形，花柱丝状，柱头呈小头状。蒴果呈卵状球形。种子呈椭圆形，褐色。

物候期：花期 6 月，果期 7-8 月。

分布范围及生境：分布于青海省德令哈市。生于海拔 2900-4000 米处的河漫滩及盐碱地中。

主要价值：具有经济价值、饲用价值和药用价值。种子含油 10%-15%，可作肥皂原料。茎细，柔软多汁，羊、兔、猪及禽类喜食，马、牛、骆驼也采食。种子、果实含甘露醇、棕榈酸、三萜类等，可充药用；根有止痛功效；皮可退热；叶能祛风、明目、消肿、止痛等。

■ 羽叶点地梅属 *Pomatosace*

羽叶点地梅 *Pomatosace filicula*

形态特征：一年生或二年生草本。株高 3-9 厘米。直根系，直根粗壮，须根稀少。叶基生成束；叶片轮廓呈线状矩圆形，长 4-5 厘米，宽 1.5-2 厘米，羽状分裂，裂片呈长三角形，顶端圆钝或钝尖，被稀疏纤毛；叶柄两侧有翅，有较长的卷毛。花草被纤毛；头状伞形花序，花 6-8 朵；苞片呈匙状披针形，被纤毛；花梗无毛；花萼呈钟状，裂片呈三角形；花冠白色，呈杯状高脚碟形，子房呈球形。蒴果呈卵圆形。

物候期：花期 5-6 月，果期 6-8 月。

分布范围及生境：分布于青海省德令哈市、天峻县、祁连县。生于海拔 2600-4000 米处的高山草甸及河滩砂地中。

主要价值：具有药用价值。主治肝炎、高血压引起的发烧、子宫出血、月经不调、疝痛和关节炎等症状。

保护等级：国家二级保护野生植物。

■ 报春花属 *Primula*

天山报春 *Primula nutans*

形态特征：多年生草本。株高 3-30 厘米。根状茎短小，具多数须根。叶丛生；叶柄通常与叶片近等长，有时长于叶片 1-3 倍；叶呈卵形、长圆形或近圆形，长 0.5-2.5（-3）厘米，全缘或微具浅齿，鲜时稍肉质。花莛无毛；伞形花序，具 2-6（-10）花；苞片呈长圆形，基部具垂耳状附属物；花萼呈钟状，裂片呈长圆形或三角形，边缘密被小腺毛；花冠粉红色，裂片呈倒卵形，先端 2 深裂。蒴果呈筒状。

物候期：花期 5-6 月，果期 7-8 月。

分布范围及生境：分布于青海省德令哈市和祁连县。生于海拔 1400-3000 米处的湿草地及草甸中。

主要价值：具有观赏价值。常用来美化家居环境。

西藏报春 *Primula tibetica*

别名：藏东报春

形态特征：多年生小草本。须根系，具多数须根。叶片呈卵形、椭圆形或匙形，长 6-30 毫米，宽 2-16 毫米，先端钝或圆形，基部楔形或近圆形，全缘；叶柄纤细，具狭翅。花葶深藏于叶丛中；花 1-10 朵；苞片呈狭矩圆形至披针形，先端钝或锐尖，基部稍下延成垂耳状；花梗纤细；花萼呈狭钟状，明显具 5 棱，沿棱脊常染紫色，裂片呈披针形或近三角形；花冠粉红色或紫红色，裂片呈阔倒卵形；长花柱花：雄蕊着生于冠筒中部，花

柱伸出冠筒口；雄蕊着生于冠筒上部，花药微露出筒口，花柱长达冠筒中部。蒴果呈筒状。

分布范围及生境：分布于青海省天峻县。生于海拔 3300-3400 米处的山坡湿草地及沼泽化草甸中。

白花丹科 Plumbaginaceae

■ 补血草属 *Limonium*

黄花补血草 *Limonium aureum*

别名：金色补血草、黄花矾松、金匙叶草、金佛花、石花子、干活草、黄果子白、黄花矾松

形态特征：多年生草本。株高 10-40 厘米。直根系，红棕色到暗褐色。茎基肥大，被褐色鳞片及残存叶柄。基生叶呈矩圆状匙形至倒披针形，长 1-4 厘米，宽 0.5-1 厘米，顶端圆钝而具短尖头，基部楔形下延为扁平的叶柄。伞房状圆锥花序，花 3-5（7）朵组成聚伞花序；花萼呈宽漏斗状；萼筒呈倒圆锥状，有长柔毛，裂片 5，金黄色；花瓣橘黄色，

基部合生；雄蕊 5，着生于花瓣基部；花柱 5，离生，无毛，柱头呈圆柱形，子房呈倒卵形。果包藏于萼内。

物候期：花期 6-8 月，果期 7-8 月。

分布范围及生境：分布于青海省德令哈市。生于海拔 3200-4500 米处的山坡、谷地及河滩地盐渍土中。

主要价值：具有药用价值。以花入药，具有止痛、消炎、补血的功效，主治神经痛、月经量少、耳鸣、乳汁不足、感冒。

龙胆科 Gentianaceae

喉花草属 Comastoma

镰萼喉毛花 Comastoma falcatum

形态特征：一年生草本。高 4-25 厘米。茎从基部分枝，分枝斜升，基部节间短缩，上部伸长，花葶状，四棱形，常带紫色。叶大部分基生，叶片矩圆状匙形或矩圆形，长 5-15 毫米，宽 3-6 毫米，先端钝或圆形，基部渐狭成柄，叶脉 1-3 条；茎生叶无柄，矩圆形。花 5 数，单生分枝顶端；花梗常紫色，四棱形；花萼绿色或有时带蓝紫色，常为卵状披针形，弯曲成镰状；花冠为蓝色、深蓝色或蓝紫色，有深色脉纹，高脚杯状，冠筒筒状，裂片矩圆形或矩圆状匙形，先端钝圆，偶有小尖头，全缘，开展，喉部具一圈副冠，副冠白色，10 束，流苏状裂片的先端圆形或钝，冠筒基部具 10 个小腺体；雄蕊着生冠筒中部，花丝为白色，基部下延于冠筒上成狭翅，花药为黄色，矩圆形；子房无柄，披针形，柱头 2 裂。蒴果狭椭圆形或披针形。种子为褐色，近球形，表面光滑。

物候期：花果期 7-9 月。

分布范围及生境：分布于青海省德令哈市。生于海拔 2100-5300 米的河滩、山坡草地、林下、灌丛及高山草甸。

喉毛花 Comastoma pulmonarium

形态特征：一年生草本。高 5-30 厘米。茎直立，单生，草为黄色，近四棱形，具分枝，稀不分枝。基生叶少数，无柄，矩圆形或矩圆状匙形，长 1.5-2.2 厘米，宽 0.45-0.7 厘米，先端圆形，基部渐狭，中脉明显；茎生叶无柄，卵状披针形，茎上部及分枝上叶变小。聚伞花序或单花顶生；花梗斜伸，不等长；花 5 数；花萼开张，披针形或狭椭圆形，先

端急尖，边缘粗糙，有糙毛；花冠淡蓝色，具深蓝色纵脉纹，筒形或宽筒形，浅裂，裂片直立，椭圆状三角形、卵状椭圆形或卵状三角形，先端急尖或钝，上部流苏状条裂；雄蕊着生于冠筒中上部，花丝为白色，线形，疏被柔毛，并下延冠筒上成狭翅，花药为黄色，狭矩圆形；子房无柄，狭矩圆形，无花柱，柱头 2 裂。蒴果无柄，椭圆状披针形。种子为淡褐色，呈近圆球形或宽矩圆形，光亮。

物候期：花果期 7-11 月。

分布范围及生境：分布于青海省天峻县。生于海拔 3000-4800 米的河滩、山坡草地、林下、灌丛及高山草甸。

龙胆属 *Gentiana*

刺芒龙胆 *Gentiana aristata*

形态特征：一年生草本。高 3-10 厘米。茎为黄绿色，光滑，在基部多分枝，枝铺散，斜上升。基生叶大，在花期枯萎，宿存，卵形或卵状椭圆形，长 7-9 毫米，宽 3-4.5 毫米，先端钝或急尖，具小尖头，边缘软骨质，狭窄，具细乳突或光滑，两面光滑，中脉软骨质，在下面突起，叶柄膜质，光滑。花多数，单生于小枝顶端；雄蕊着生于冠筒中部，整齐，花丝丝状钻形，先端弯垂，花药弯拱，矩圆形至肾形。蒴果外露，稀内藏，矩圆形或倒卵状矩圆形，先端钝圆，有宽翅，两侧边缘有狭翅，基部渐狭成柄，柄粗壮。种子为黄褐色，矩圆形或椭圆形，表面具致密的细网纹。

物候期：花果期 6-9 月。

分布范围及生境：分布于青海省德令哈市。生于海拔 1800-4600 米的河滩草地、河滩灌丛下、沼泽草地、草滩、高山草甸、灌丛草甸、草甸草原、林间草丛、阳坡砾石地、山谷及山顶。

西域龙胆 *Gentiana clarkei*

别名：膜果龙胆

形态特征：一年生草本。茎黄绿色，光滑，在基部多分枝，枝铺散，斜升。基生叶稍大，卵形，长 4-7 毫米，宽 3-5 毫米，先端钝，边缘软骨质，光滑，叶脉 1-3 条，在下面明显，叶柄宽，光滑。花数朵，单生于小枝顶端；近无花梗；花萼筒形，裂片披针形，三角形，先端急尖，具小尖头，边缘膜质，光滑，中脉在背面呈脊状突起，弯缺截形，花冠淡蓝色，筒形，裂片卵形，先端钝，褶卵形，先端 2 裂；雄蕊着生于冠筒中部，整齐，花丝丝状钻形，花药椭圆形；子房椭圆形或披针形，两端渐狭，花柱圆柱形，连柱头 2 裂，裂片宽矩圆形。蒴果内藏或先端外露，倒卵形或矩圆状匙形，先端圆形，有宽翅，两侧边缘有狭翅。种子为褐色，呈椭圆形，表面具致密细网纹。

物候期：花果期 5-8 月。

分布范围及生境：分布于青海省祁连县。生于海拔 3700-4650 米的沼泽化草甸、山坡草地及住宅附近。

达乌里秦艽 *Gentiana dahurica*

形态特征：多年生草本。高 10-25 厘米，须根系。全株光滑无毛，基部被枯存的纤维状叶鞘包裹。须根多条，向左扭结成一个圆锥形的根。枝多数丛生，斜升，黄绿色或紫红色，近圆形，光滑。莲座丛叶披针形或线状椭圆形，长 5-15 厘米，宽 0.8-1.4 厘米，先端渐尖，基部渐狭，边缘粗糙，叶脉 3-5 条，在两面均明显，并在下面突起，叶柄宽，扁平，膜质，包被于枯存的纤维状叶鞘中。聚伞花序顶生及腋生，排列成疏松的花序；花梗斜伸，黄绿色或紫红色，极不等长，花萼筒膜质，黄绿色或带紫红色；花冠为深蓝色，筒形或漏斗形，裂片卵形或卵状椭圆形，先端钝，全缘，褶整齐，三角形或卵形，先端钝，全缘或边缘啮蚀形；雄蕊着生于冠筒中下部，整齐，花丝线状钻形，花药呈矩圆形。蒴果内藏，无柄，狭椭圆形。种子为淡褐色，有光泽，矩圆形，表面有细网纹。

物候期：花果期 7-9 月。

分布范围及生境：分布于青海省刚察县。生于海拔 870-4500 米田边、路旁、河滩、湖边沙地、水沟边、向阳山坡及干草原等地。

钻叶龙胆 *Gentiana haynaldii*

形态特征：一年生草本。高 3-10 厘米。茎黄绿色，光滑，在基部多分枝，枝直立或斜上升。叶革质，坚硬，发亮，先端急尖，具小尖头，中部以下边缘疏生短睫毛，其余边缘光滑，茎基部及下部叶边缘软骨质，中、上部叶仅基部边缘膜质，其余软骨质，两面光滑，中脉在下面突起，光滑；花冠淡蓝色，喉部具蓝灰色斑纹，筒形，裂片卵形，先端钝或渐尖，具短小尖头，全缘或有不明显圆齿，褶卵形，先端啮蚀形或全缘；雄蕊着生于冠筒中部，整齐，花丝丝状钻形，花药直立，狭矩圆形；子房线状椭圆形，两端渐狭，花柱圆柱形，柱头 2 裂，裂片卵圆形。蒴果外露，狭矩圆形，两端钝，边缘具狭翅，柄细，直立。种子为淡褐色，有光泽，呈椭圆形或卵状椭圆形，表面有细网纹。

物候期：花果期 7-11 月。

分布范围及生境：分布于青海省天峻县。生于海拔 3300 米的山坡草地、高山草甸及阴坡林下。

蓝白龙胆 *Gentiana leucomelaena*

形态特征：一年生草本。高 1.5-5 厘米。茎为黄绿色，光滑，在基部多分枝，枝铺散，斜升。基生叶稍大，卵圆形或卵状椭圆形，长 5-8 毫米，宽 2-3 毫米，先端钝圆，边缘有不明显的膜质，平滑，两面光滑，叶脉不明显，或具 1-3 条细脉，叶柄宽，光滑。花梗黄绿色，光滑，藏于最上部一对叶中或裸露；花萼钟形，裂片三角形，先端钝，边缘膜质，狭窄，光滑，中脉细，明显或否，弯缺狭窄，截形；花冠为白色或淡蓝色，稀蓝色，外面具蓝灰色宽条纹，喉部具蓝色斑点，钟形，裂片卵形，先端钝，褶矩圆形，先端截形，具不整齐条裂；雄蕊着生于冠筒下部，整齐，花丝丝状锥形，花药呈矩圆形；子房呈椭圆形，先端钝，基部渐狭，花柱短而粗，圆柱形，柱头 2 裂，裂片矩圆形。蒴果外露或仅先端外露，倒卵圆形，先端圆形，具宽翅，两侧边缘具狭翅，基部渐狭。种子为褐色，宽椭圆形或椭圆形，表面具光亮的念珠状网纹。

物候期：花果期 5-10 月。

分布范围及生境：分布于青海省天峻县。生于海拔 1940-5000 米的沼泽化草甸、沼泽地、湿草地、河滩草地、山坡草地，山坡灌丛中及高山草甸。

秦艽 *Gentiana macrophylla*

形态特征：多年生草本。须根系，高 30-60 厘米，全株光滑无毛，基部被枯存的纤维状叶鞘包裹。须根多条，扭结或粘结成一个圆柱形的根。枝少数丛生，直立或斜升，黄绿色或有时上部带紫红色，近圆形。莲座丛叶卵状椭圆形或狭椭圆形，先端钝或急尖，基部渐狭，边缘平滑，叶脉 5-7 条，在两面均明显，并在下面突起；茎生叶椭圆状披针形或狭椭圆形，先端钝或急尖，基部钝，边缘平滑，叶脉 3-5 条，在两面均明显，并在下面突起。花多数，无花梗，簇生枝顶呈头状或腋生作轮状；花冠筒部为黄绿色，冠澹蓝色或蓝紫色，壶形，裂片卵形或卵圆形，先端钝或钝圆，全缘，褶整齐，三角形，全缘；雄蕊着生于冠筒中下部，整齐，花丝线状钻形。蒴果内藏或先端外露，呈卵状椭圆形。种子为红褐色，有光泽，矩圆形，表面具细网纹。

物候期：花果期 7-10 月。

分布范围及生境：分布于青海省天峻县。生于海拔 400-2400 米的河滩、路旁、水沟边、山坡草地、草甸、林下及林缘。

小龙胆 *Gentiana parvula*

形态特征：一年生草本。高 2-3 厘米。茎直立，光滑，黄绿色或紫红色，不分枝或在基部有 2-3 个分枝。叶坚硬，近革质，边缘软骨质，下缘有细乳突，上缘平滑或有不明显细乳突，两面光滑，叶脉 1-3 条，仅在背面明显；基生叶大，近圆形或宽椭圆形，长 7-22 毫米，宽 6-8 毫米，先端钝或圆形，有短小尖头，叶柄宽，扁平，光滑。花数朵，单生于小枝顶端，密集；近无花梗，藏于上部叶中；花冠蓝色，宽筒形，裂片卵形，先端钝或渐尖，褶卵形，先端钝，全缘；雄蕊着生于冠筒中部，整齐，花丝呈线形，花药矩圆形或线状矩圆形；子房呈椭圆形，先端钝，基部渐狭，柄粗，花柱呈线形，柱头 2 裂，裂片线形。蒴果仅先端外露，倒卵形或矩圆状匙形，先端圆形，具宽翅，两侧边缘具狭翅，基部渐狭，柄粗壮。种子小，极多，为褐色，有光泽，椭圆形，表面具细网纹。

物候期：花果期 4-8 月。

分布范围及生境：分布于青海省德令哈市。生于海拔 2600-3275 米的山坡及林下。

管花秦艽 *Gentiana siphonantha*

形态特征：多年生草本。高 10-25 厘米，全株光滑无毛，基部被枯存的纤维状叶鞘包裹。须根数条，向左扭结成一个较粗的圆柱形的根。枝少数丛生，直立，下部黄绿色，上部紫红色，近圆形。莲座丛叶线形，稀宽线形，先端渐尖，基部渐狭，边缘粗糙；茎生叶与莲座丛叶相似而略小。花多数，无花梗，簇生枝顶及上部叶腋中呈头状；花萼小，长为花冠的 1/4-1/5，萼筒常带紫红色，一侧开裂或不裂，先端截形，萼齿不整齐，丝状或钻形；花冠为深蓝色，呈筒状钟形，裂片矩圆形，先端钝圆，全缘，褶整齐或偏斜，狭三角形，先端急尖，全缘或 2 裂；

雄蕊着生于冠筒下部，整齐，花丝线状钻形，花药呈矩圆形；子房线形，两端渐狭，花柱短，柱头 2 裂，裂片矩圆形。蒴果呈椭圆状披针形。种子为褐色，矩圆形或狭矩圆形，表面具细网纹。

物候期：花果期 7-9 月。

分布范围及生境：分布于青海省天峻县。生于海拔 1800-4500 米的干草原、草甸、灌丛及河滩等地。

鳞叶龙胆 *Gentiana squarrosa*

形态特征：一年生草本。高 2-8 厘米。茎黄绿色或紫红色，密被黄绿色有时夹杂紫色乳突，自基部起多分枝。叶先端钝圆或急尖，具短小尖头，基部渐狭，边缘厚软骨质，密生细乳突，两面光滑，中脉白色软骨质，在下面突起，密生细乳突，叶柄白色膜质，边缘具短睫毛，背面具细乳突。花多数，单生于小枝顶端；花梗黄绿色或紫红色，密被黄绿色乳突，有时夹杂有紫色乳突，藏于或大部分藏于最上部叶中；花冠为蓝色，筒状漏斗形，裂片卵状三角形，先端钝，无小尖头，褶卵形，先端钝，全缘或边缘有细齿；雄蕊着生于冠筒中部，整齐，花丝丝状，花药呈矩圆形。蒴果外露，倒卵状矩圆形，先端圆形，有宽翅，两侧边缘有狭翅，基部渐狭成柄，柄粗壮，直立。种子为黑褐色，椭圆形或矩圆形，表面有白色光亮的细网纹。

物候期：花果期 4-9 月。

分布范围及生境：分布于青海省刚察县。生于海拔 3000 米的山坡、山谷、山顶、干草原、河滩、荒地、路边、灌丛及高山草甸。

麻花艽 *Gentiana straminea*

形态特征：多年生草本。全株光滑无毛，基部被枯存的纤维状叶鞘包裹。须根多数，扭结成一个粗大、圆锥形的根。枝多数丛生，斜升，黄绿色，稀带紫红色，近圆形。聚伞花序顶生及腋生，排列成疏松的花序；花冠为黄绿色，喉部具多数绿色斑点，有时外面带紫色或蓝灰色，漏斗形，裂片卵形或卵状三角形，先端钝，全缘，褶偏斜，三角形，先端钝，全缘或边缘啮蚀形；雄蕊着生于冠筒中下部，整齐，花丝线状钻形，花药呈狭矩圆形；子房披针形或线形，两端渐狭，花柱线形，柱头 2 裂。蒴果内藏，呈椭圆状披针形，先端渐狭，基部钝。种子为褐色，有光泽，狭矩圆形，表面有细网纹。

物候期：花果期 7-10 月。

分布范围及生境：分布于青海省天峻县。生于海拔 2000-4950 米的高山草甸、灌丛、林下、林间空地、山沟、多石干山坡及河滩等地。

假龙胆属 *Gentianella*

普兰假龙胆 *Gentianella moorcroftiana*

形态特征：一年生草本。直根系，株高约 3 厘米。茎为紫红色，疏被乳突状毛，从基部分枝。叶对生，无柄，线形，长 6-12 毫米，宽 1-1.5 毫米，先端钝，边缘微粗糙，两面叶脉均不明显。聚伞花序；花梗紫红色，不等长；花 5 数；萼筒钟形，长约 2 毫米，裂片稍不整齐，黑紫红色，线形，先端钝，边缘粗糙，背面脉不明显，裂片间弯缺宽，近圆形；花冠上部为蓝色，下部为黄绿色，筒形，裂片矩圆形，先端钝，冠筒基部具 10 个绿色腺体；雄蕊着生于冠筒中部，花丝呈线形，花药呈椭圆形；子房有柄，披针形，柄粗，长约 2 毫米，花柱不明显，柱头 2 裂。蒴果呈卵球形，长约 7 毫米。

物候期：花期 8 月。

分布范围及生境：分布于青海省祁连县。生于海拔约 4500 米处的山坡。

扁蕾属 *Gentianopsis*

扁蕾 *Gentianopsis barbata*

形态特征：一年生或二年生草本。高 8-40 厘米。茎单生，直立，近圆柱形，下部单一，上部有分枝，条棱明显，有时带紫色。基生叶多对，常早落，匙形或线状倒披针形，先端圆形，边缘具乳突，基部渐狭成柄，中脉在下面明显；茎生叶 3-10 对。花单生茎或分枝顶端；花梗直立，近圆柱形，有明显的条棱，果时更长；花萼筒状，具白色膜质边缘，外对线状披针形，先端尾状渐尖；花冠筒状漏斗形，筒部为黄白色，檐部蓝色或淡蓝色，裂片椭圆形，先端圆形，有小尖头，边缘有小齿，下部两侧有短的细条裂齿；腺体近球形，下垂；花丝线形，花药为黄色，狭长圆形。蒴果具短柄，与花冠等长。种子为褐色，呈矩圆形，表面有密的指状突起。

物候期：花果期 7-9 月。

分布范围及生境：分布于青海省天峻县。生于海拔 700-4400 米的水沟边、山坡草地、林下、灌丛中及沙丘边缘。

湿生扁蕾 *Gentianopsis paludosa*

形态特征：一年生草本。高 3.5-40 厘米。茎单生，直立或斜升，近圆形，在基部分枝或不分枝。基生叶 3-5 对，匙形，长 0.4-3 厘米，宽 2-9 毫米，先端圆形，边缘具乳突，微粗糙，基部狭缩成柄，叶脉 1-3 条，不甚明显，叶柄扁平；茎生叶 1-4 对，无柄，矩圆形或椭圆状披针形。花冠为蓝色，或下部黄白色，上部蓝色，宽筒形，裂片宽矩圆形，先端圆形，有微齿，下部两侧边缘有细条裂齿；腺体近球形，下垂；花丝呈线形，花药为黄色，矩圆形；子房具柄，线状椭圆形。蒴果具长柄，呈椭圆形，与花冠等长或超出。种子为黑褐色，矩圆形至近圆形。

物候期：花果期 7-10 月。

分布范围及生境：分布于青海省天峻县。生于海拔 1180-4900 米的河滩、山坡草地及林下。

■ 花锚属 *Halenia*

花锚 *Halenia corniculata*

形态特征：一年生草本。直立，高 20-70 厘米。根具分枝，黄色或褐色。茎近四棱形，具细条棱，从基部起分枝。基生叶倒卵形或椭圆形，长 1-3 厘米，宽 0.5-0.8 厘米，先端圆或钝尖，基部楔形、渐狭呈宽扁的叶柄通常早枯萎；茎生叶椭圆状披针形或卵形，先端渐尖，基部宽楔形或近圆形。聚伞花序顶生和腋生；花 4 数，直径 1.1-1.4 厘米；花萼裂片狭三角状披针形，先端渐尖，具 1 脉，两边及脉粗糙，被短硬毛；花冠为黄色、钟形，裂片卵形或椭圆形，先端具小尖头；雄蕊内藏，花药近圆形；子房纺锤形，无花柱，柱头 2 裂，外卷。蒴果呈卵圆形，为淡褐色，顶端 2 瓣开裂。种子为褐色，椭圆形或近圆形。

物候期：花果期 7-9 月。

分布范围及生境：分布于青海省天峻县。生于海拔 200-1750 米的山坡草地、林下及林缘。

主要价值：具有药用价值。全草入药，能清热、解毒、凉血止血，主治肝炎、脉管炎等症。

椭圆叶花锚 *Halenia elliptica*

形态特征：一年生草本。根具分枝，为黄褐色。茎直立，无毛，四棱形，上部具分枝。基生叶椭圆形，有时略呈圆形，长 2-3 厘米，宽 5-15 毫米，先端圆形或急尖呈钝头，基部渐狭呈宽楔形，全缘，具宽扁的柄，叶脉 3 条；茎生叶卵形、椭圆形、长椭圆形或卵状披针形，先端圆钝或急尖，基部圆形或宽楔形，全缘，叶脉 5 条，无柄或茎下部叶具极短而宽扁的柄，抱茎。聚伞花序腋生和顶生；花梗长短不相等；花 4 数，直径 1-1.5 厘米；花萼裂片椭圆形或卵形，先端通常渐尖，常具小尖头，具 3 脉；花冠为蓝色或紫色，花冠筒裂片卵圆形或椭圆形，先端具小尖头，向外水平开展；雄蕊内藏，花药呈卵圆形；子房呈卵形，花柱极短，柱头 2 裂。蒴果宽卵形，上部渐狭，淡褐色。种子为褐色，呈椭圆形或近圆形。

物候期：花果期 7-9 月。

分布范围及生境：分布于青海省祁连县。生于海拔 700-4100 米的高山林下和林缘、山坡草地、灌丛中及山谷水沟边。

主要价值：具有药用价值。全草入药，清热利湿，可治急性黄疸型肝炎等症。

■ 獐牙菜属 *Swertia*

祁连獐牙菜 *Swertia przewalskii*

别名：祁连享乐菜、祁连西伯菜

形态特征：多年生草本。株高 8-25 厘米。直根系，具很少稍肉质细根，微黑的根状茎，短。茎直立，具条纹。基生叶 1 或 2 对，具长柄；叶片匙形，椭圆形，或卵形椭圆形，长 1.6-6 厘米，宽 0.7-2.2 厘米，茎中部裸露无叶，上部有极小呈苞叶状的叶，卵状矩圆形，长 1-2 厘米，宽 0.2-0.5 厘米。简单或复聚伞花序，具 3-9 花，幼时密集，后疏离；花梗为黄绿色，常带紫色，直立或斜伸，不整齐；花 5 数；花萼长为花冠的 2/3，裂片狭披针形，先端渐尖，具明显的膜质边缘；花冠为黄绿色，背面中央蓝色，老时为褐色，裂片披针形，先端渐尖或急尖，基部具 2 个腺窝，腺窝基部囊状，边缘具柔毛状流苏；花丝扁平，线形，基部背面具流苏状短毛，花药为蓝色，椭圆形或狭矩圆形；子房无柄，宽披针形，表面常有横的皱折，稀平滑，花柱不明显，柱头小，2 裂，裂片半圆形。蒴果无柄，呈卵状椭圆形，与宿存花冠等长。种子为深褐色，宽矩圆形或近圆形，直径 0.9-1.1 毫米，表面具纵皱折。

物候期：花果期 7-9 月。

分布范围及生境：分布于青海省祁连县。生于海拔 3000-4200 米处的灌丛、高山草甸、沼泽草甸及潮湿地中。

紫草科 Boraginaceae

■ 牛舌草属 *Anchusa*

狼紫草 *Anchusa ovata*

别名：野旱烟

形态特征： 一年生草本。株高 10-40 厘米。直根系。茎下部常分枝，疏被开展刚毛。基生叶及茎下部叶呈倒披针形或线状长圆形，长 4-14 厘米，宽 1.2-3 厘米，两面疏被硬毛，具微波状牙齿；具柄。聚伞花序；苞片呈卵形或线状披针形。花萼，裂至近基部，被刚毛，裂片呈线状披针形；花冠为蓝紫，稀紫红色，无毛；花丝极短。小坚果呈肾形，淡褐色，长 3-3.5 毫米，具网状皱褶及疣点，着生面碗状，边缘无齿。种子褐色。

物候期： 花果期 5-7 月。

分布范围及生境： 分布于青海省祁连县扎麻什乡。生于海拔 100-200 米的山坡及河滩中。

主要价值： 具有药用价值和食用价值。具有解毒、消炎止痛等功效，主治疮肿等症状。因种子富含油脂，所以可榨取食用。

■ 微孔草属 *Microula*

西藏微孔草 *Microula tibetica*

形态特征： 多年生草本。株高约 1 厘米。直根系，根长，不分枝或少数分枝。茎极短，有极短而密集的分枝，疏生短毛。基生叶平铺地面，呈椭圆形或椭圆状长圆形，长 2-3 厘米，先端圆或钝，基部渐窄成柄，近全缘，上面密被糙伏毛散生具膨大基盘刚毛，下面被具基盘短刚毛，叶柄扁平；茎生叶较窄小，叶缘被具基盘刚毛，无柄或近无柄。花序短；苞片呈线形或线状长圆形；花梗短；花萼裂片呈窄三角形，被毛；花冠白色，裂片呈近圆形，冠筒稍短于花萼。小坚果呈卵圆形，长约 2.5 毫米，被疣状突起，突起顶端呈锚状，在背面中央有或无圆形小环状突起。

物候期： 花果期 7-9 月。

分布范围及生境： 分布于青海省天峻县、德令哈市和祁连县。生于海拔 3300-4400 米处的湖滨沙滩、山坡流沙及草地。

微孔草 *Microula sikkimensis*

别名： 蓝花花

形态特征： 一年生草本。直根系，茎高15-40 厘米。基生叶和茎下部叶有长柄，长达 15 厘米，宽达 2.8 厘米，两面有短糙毛；中部叶有柄，呈卵形或椭圆状卵形；上部叶无柄，渐小。花序短，有密集的花；苞片呈狭卵形、条状披针形至钻形；花有短梗；花萼有糙毛，5 深裂，裂片呈条状披针形；花冠蓝色；雄蕊 5，内藏；子房 4 裂。小坚果呈卵形，长 2-2.5 毫米，宽约 1.8 毫米，有瘤状突起，背面中上部有环状突起。

物候期： 花期 5-9 月。

分布范围及生境： 分布于青海省天峻县和祁连县。生于海拔 3400-3700 米处的山坡草地、灌丛、林边、河边多石草地、田边及田中。

主要价值： 具有经济价值和药用价值。微孔草富含 γ - 亚麻酸，是开发特色营养保健食品、保健食用油、新型化妆品的理想原料。微孔草油有明显的降血脂作用，可供各类高血脂、高血压及其并发症者服用。另外，微孔草油有消炎、抗溃疡作用。

唇形科 Lamiaceae

■ 筋骨草属 *Ajuga*

白苞筋骨草 *Ajuga lupulina*

形态特征： 多年生草本。直根系。茎沿棱及节被白色长柔毛。叶披针形或菱状卵形，长5-11 厘米，先端钝，基部楔形下延，疏生波状圆齿或近全缘，具缘毛；叶柄具窄翅，基部抱茎。轮伞花序组成穗状花序；苞叶白黄、白或绿紫色，卵形或宽卵形，先端渐尖，基部圆，抱轴，全缘；花萼钟形或近漏斗形；花冠白、白绿或白黄色，具紫色斑纹，窄漏斗形，疏被长柔毛。小坚果腹面中央微隆起，合生面达腹面之半。

物候期： 花期 7-9 月，果期 8-10 月。

分布范围及生境： 分布于青海省天峻县。生于海拔 2900-3500 米的河滩沙地、高山草地及陡坡石缝中。

■ 青兰属 *Dracocephalum*

白花枝子花 *Dracocephalum heterophyllum*

别名：异叶青兰、白花夏枯草、马尔赞居西（维语名）、祖帕尔（维语名）

形态特征：多年生草本。直根系。茎高达 15（-30）厘米，密被倒向微柔毛。莲高达 15（-30）厘米，密被倒向微柔毛。轮伞花序具 4-8 花，生于茎上部；苞片倒卵状匙形或倒披针形，长达 8 毫米，具 3-8 对长刺细齿；花萼淡绿色，长 1.5-1.7 厘米，疏被短柔毛，具缘毛，上唇 3 浅裂，萼齿三角状卵形，具刺尖，下唇 2 深裂，萼齿披针形，先端具刺；花冠白色，长 1.8-3.4（-3.7）厘米，密被白或淡黄色短柔毛。

物候期：花期 6-8 月。

分布范围及生境：分布于青海省刚察县。生于海拔约 3300 米的山地草原及半荒漠的多石干燥地区。

■ 香薷属 *Elsholtzia*

香薷 *Elsholtzia ciliata*

别名：五香、野芭子、野芝麻、蚂蝗痧

形态特征：一年生草本。株高 50 厘米。直根系。茎无毛或被柔毛。叶卵形或椭圆状披针形，长 3-9 厘米，先端渐尖，基部楔形下延，具锯齿；叶柄长 0.5-3.5 厘米，具窄翅，疏被细糙硬毛。穗状花序长 2-7 厘米，偏向一侧，花序轴密被白色短柔毛；苞片宽卵形或扁圆形，先端芒状突尖；花梗长约 1.2 毫米；花萼长约 1.5 毫米，被柔毛，萼齿三角形；花冠淡紫色，被柔毛，上部疏被腺点，喉部被柔毛，上唇先端微缺，下唇中裂片半圆形，侧裂片弧形；花药紫色；花柱内藏。小坚果黄褐色，长圆形，长约 1 毫米。

物候期：花期 7-10 月，果期 10 月至翌年 1 月。

分布范围及生境：分布于青海省祁连县。生于海拔 3400 米的路旁、山坡、荒地、林内及河岸。

主要价值：具有药用价值。主治急性肠胃炎、腹痛吐泻、夏秋阳暑、头痛发热、恶寒无汗、霍乱、水肿、鼻衄、口臭等症。

密花香薷 *Elsholtzia densa*

别名：咳嗽草、野紫苏、臭香茹

形态特征：草本。株高60厘米。直根系。茎被短柔毛。叶披针形或长圆状披针形，基部宽楔形或圆，基部以上具锯齿，两面被短柔毛；叶柄长0.3-1.3厘米，被短柔毛。穗状花序长2-6厘米，密被紫色念珠状长柔毛；苞片卵圆形，长约1.5毫米，被长柔毛；花萼钟形，密被念珠状长柔毛，萼齿近三角形，后3齿稍长，果萼近球形，齿反折；花冠淡紫色，密被紫色念珠状长柔毛，冠筒漏斗形，

上唇先端微缺，下唇中裂片较侧裂片短。小坚果暗褐色，卵球形，长2毫米，被微柔毛，顶端被疣点。

物候期：花果期7-10月。

分布范围及生境：分布于青海省天峻县。生于海拔约3400米的林缘、高山草甸、林下、河边及山坡荒地。

主要价值：具有药用价值。主治夏季感冒、发热无汗、中暑、急性胃炎、胸闷、口臭、小便不利等。

荆芥属 *Nepeta*

蓝花荆芥 *Nepeta coerulescens*

形态特征：多年生草本。株高42厘米。直根系。茎被短柔毛。叶披针状长圆形，长2-5厘米，先端尖，基部平截或浅心形，具圆齿状锯齿，两面密被短柔毛，下面密被黄色腺点。轮伞穗状花序卵球形，长3-5厘米，花序梗长不及2毫米；苞片淡蓝色，线形或线状披针形，具缘毛；花萼长6-7毫米，被微硬毛及黄色腺点，上唇3齿宽三角状披针形，下唇2齿线状披针形；花冠蓝色被微柔毛，2圆裂，中裂片倒心形，先端微缺，侧裂片半圆形，反折。小坚果褐色，卵球形，长约1.6毫米，无毛。

物候期：花期7-8月，果期8月以后。

分布范围及生境：分布于青海省祁连县。生于海拔3300-4400米的山坡上及石缝中。

主要价值：具有药用价值。主治血热症，血热上行引起的目赤肿痛，翳障，虫病。

■ 鼠尾草属 *Salvia*

鼠尾草 *Salvia japonica*

形态特征：一年生草本。株高60厘米。直根系。上部茎叶一回羽状复叶，具短柄，顶生小叶披针形或菱形，长达10厘米，先端渐尖或尾尖，基部窄楔形，具钝锯齿。轮伞花序具2-6朵花，组成总状或圆锥花序；苞片及小苞片披针形，全缘，无毛；花萼筒形，疏

被腺柔毛，上唇三角形或近半圆形，下唇具2长三角形齿；花冠淡红、淡紫、淡蓝或白色，密被长柔毛，上唇椭圆形或卵形，下唇中裂片倒心形，具小圆齿，侧裂片卵形；雄蕊伸出，花丝长约1毫米，药隔长约6毫米。小坚果褐色，椭圆形，长约1.7厘米。

物候期：花期6-9月。

分布范围及生境：分布于青海省祁连县。生于海拔220-1100米的山坡、路旁、荫蔽草丛、水边及林荫下。

茄科 Solanaceae

■ 马尿泡属 *Przewalskia*

马尿泡 *Przewalskia tangutica*

别名：唐古特马尿泡

形态特征：多年生草本。株高20-35厘米，有腺毛。直根系，根粗壮，肉质，呈圆筒状。根茎短缩，有多数休眠芽，茎少部分埋于地下。叶在茎下部呈鳞片状，在上部密集，草质，呈铲形、长椭圆形至长椭圆状倒卵形，通常连叶柄长10-15厘米，宽3-3.5厘米，全缘或浅波状。总花梗腋生，有1-3朵花；花梗被短腺毛；花萼呈筒状钟形，外面密生短腺毛，萼齿圆钝，生腺

质缘毛；花冠檐部为黄色，筒部为紫色，筒状漏斗形，外面生短腺毛，檐部 5 浅裂，裂片呈卵形；雄蕊插生于花冠喉部，花丝极短；花柱显著伸出于花冠，柱头膨大，为紫色。蒴果呈球状，直径 1-2 厘米，果萼呈椭圆状或卵状。种子为黑褐色，长 3 毫米，宽约 2.5 毫米。

物候期：花期 6-7 月，果期 7-9 月。

分布范围及生境：分布于青海省德令哈市和祁连县。生于海拔约 3000 米处的高山沙砾地及干旱草原中。

主要价值：具有药用价值。根可入药，有解毒消肿、镇痛、镇痉的功效，主治肌肉痉挛、疼痛和肿胀等症状。

玄参科 Scrophulariaceae

■ 小米草属 *Euphrasia*

小米草 *Euphrasia pectinata*

别名：芒小米草、药用小米草

形态特征：一年生草本。株高 10-50 厘米。直根系。茎直立，不分枝或下部分枝，被白色柔毛。叶与苞片无柄，呈卵形或宽卵形，长 0.5-2 厘米，基部呈楔形，每边有数枚稍钝而具急尖的锯齿，两面脉上及叶缘多少被刚毛，无腺毛。花序在初花期短而花密集，果期逐渐伸长，而果疏离。花萼呈管状，被刚毛，裂片呈窄三角形；花冠为白或淡紫色，外面被柔毛，背面较密，其余部分较疏，下唇比上唇长，下唇裂片先端凹缺；花药为棕色。蒴果呈窄长圆状，微缺。种子为白色。

物候期：花期 6-9 月。

分布范围及生境：分布于青海省天峻县苏里乡。生于海拔 3000-3100 米的阴坡草地及灌丛中。

主要价值：具有药用价值和饲用价值。具有清热解毒、利尿等功效。主治发热口渴、头痛、肺热咳嗽、咽喉肿痛、热淋、小便不利、口疮、痈肿等症状。小米草可养鱼种，有利于延长鱼的生长期。

■ 肉果草属 *Lancea*

肉果草 *Lancea tibetica*

别名：兰石草

形态特征：多年生矮小草本。株高 3-15 厘米。直根系，根状茎细长，横走或斜下，节上有一对膜质鳞片。叶 6-10 枚，呈倒卵形至倒卵状矩圆形或匙形，近革质，长 2-7 厘米，顶端钝，常有小突尖，边全缘或有很不明显的疏齿，基部渐狭成有翅的短柄。花簇生或伸长成总状花序，花 3-5 朵，苞片呈钻状披针形；花萼呈钟状，革质，萼齿呈钻状三角形；花冠深蓝色或紫色；雄蕊着生近花冠筒中部，花丝无毛；柱头呈扇状。果实呈卵状球形，红色至深紫色。种子多数，呈矩圆形，棕黄色。

物候期：花期 5-7 月，果期 7-9 月。

分布范围及生境：分布于青海省祁连县和天峻县龙门乡。生于海拔 3400-4000 米的草地、疏林中及沟旁。

主要价值：具有药用价值。有清肺化痰的功效，主治咳喘痰稠等症状。

■ 马先蒿属 *Pedicularis*

阿拉善马先蒿 *Pedicularis alaschanica*

形态特征：多年生草本。株高达 35 厘米。直根系。多茎，稍直立，侧枝多铺散上升，基部分枝。基生叶早枯，茎生叶密，下部对生，上部 3-4 枚轮生；叶柄扁平，有宽翅，被毛；叶披针状长圆形或卵状长圆形，长 2.5-3 厘米，宽 1-1.5 厘米，羽状全裂，裂片 7-9 对，线形，有细锯齿。花序穗状，长达 20 余厘米；苞片叶状；花萼 1.3 厘米，膜质；花冠黄色，长 2-2.5 厘米，花冠筒中上部稍前膝曲，上唇近顶端弯转成喙，喙长 2-3 毫米，下唇与上唇近等长，3 浅裂，中裂片近菱形，较小；花丝前方一对端有长柔毛。

分布范围及生境：分布于青海省祁连县。生于海拔 2300-4800 米的河谷多石砾与沙的向阳山坡及湖边平川地。

鸭首马先蒿 *Pedicularis anas*

形态特征：多年生草本。株高达30（-40）厘米。直根系，根常有分枝。茎紫黑色，常不分枝，具毛线。基出叶柄长达 2.5 厘米，无毛；茎叶柄长 2.7-7 毫米；叶呈长圆状卵形或线状披针形，羽状全裂，裂片羽状浅裂或半裂，具刺尖锯齿，两面均无毛。头状或穗状花序；花萼呈卵圆形膨臌，常有紫斑或紫晕，萼齿均有锯齿，外面常有白长毛，内面沿缘密生褐色茸毛；花冠紫色或下唇浅黄色，上唇暗紫红色；花丝均无毛。蒴果呈三角状披针形，长达 1.8 厘米，锐尖头。种子呈长圆形，基部有种阜，种皮灰白色，有纵条纹，

物候期：花期 7-9 月，果期 8-10 月。

分布范围及生境：分布于青海省祁连县默勒镇。生于海拔 3400-3500 米的高山草地中。

中国马先蒿 *Pedicularis chinensis*

形态特征：一年生草本。株高达30 厘米。直根系。茎单出或多条，直立或弯曲上升至倾卧。叶基生与茎生，基生叶柄长达 4 厘米，上部叶脉较短，均被长毛；叶披针状长圆形或线状长圆形，羽状浅裂或半裂，裂片 7-13 对，卵形，有重锯齿。总状花序；苞片叶状，密被缘毛；花萼管状，长 1.5-1.8 厘米，密被毛，有时具紫斑，前方约裂 2/5，萼齿 2，叶状；花冠黄色，被毛，上唇上端渐弯，无鸡冠状突起，下唇宽大于长近 2 倍，密被缘毛，中裂片较小，顶部平截或微圆；花丝均被密毛。蒴果长圆状披针形，长 1.9 厘米，顶端有小突尖。

分布范围及生境：分布于青海省祁连县。生于海拔 1700-2900 米的高山草地中。

甘肃马先蒿 *Pedicularis kansuensis*

形态特征：一年生或二年生草本。株高达 40 厘米。直根系。茎多条丛生，具 4 条毛线。基生叶柄较长，有密毛；茎叶 4 枚轮生；叶长圆形，长达 3 厘米，宽 1.4 厘米，羽状全裂，裂片约 10 对，披针形，羽状深裂，小裂片具锯齿。花序长 25（-30）厘米，花轮生；下部苞片叶状，上部苞片亚掌状 3 裂；花萼近球形，膜质，萼齿 5，三角形，有锯齿；花冠紫红色，长约 1.5 厘米，冠筒近基部膝曲，上唇长约 6 毫米，稍镰状弓曲，具有波状齿的鸡冠状突起，下唇长于上唇，裂片圆形，中裂片较小，基部窄缩；花丝 1 对有毛。蒴果斜卵形。

物候期：花期 6-8 月。

分布范围及生境：分布于青海省祁连县。生于海拔 1825-4000 米的草坡中。

轮叶马先蒿 *Pedicularis verticillata*

形态特征：多年生草本。株高 35 厘米。直根系。茎自根颈丛生，具毛线 4 条。基生叶柄长达 3 厘米，叶长圆形或线状披针形，长 2.5-3 厘米，羽状深裂或全裂，裂片有缺刻状齿，齿端有白色胼胝；茎叶常 4 枚轮生，柄短或近无，叶较短宽。总状花序，花轮生；苞片叶状；花萼球状卵圆形，长约 6 毫米，常红色，密被长柔毛，前方深开裂，萼齿小，不等，常偏聚后方；花冠紫红色，长约 1.3 厘米，冠筒近基部直角前曲，上唇略镰状弓曲，下缘端微有突尖。蒴果披针形，长 1-1.5 厘米，顶端渐尖。

物候期：花期 7-8 月。

分布范围及生境：分布于青海省祁连县。生于海拔 2100-3350 米的湿润处，在北极则生于海岸及冻原中。

■ 玄参属 *Scrophularia*

齿叶玄参 *Scrophularia dentata*

别名： 奥莫（藏语名）

形态特征： 半灌木状草本。株高20-40厘米。直根系。茎呈近圆形，无毛或被微毛。叶片轮廓呈狭矩圆形或卵状矩圆形，长1.5-5厘米，疏具浅齿、羽状浅裂至深裂，稀全缘，裂片下部可疏具浅齿，基部呈渐狭或楔形，近无柄或因基部渐狭呈短柄状。顶生稀疏而狭的圆锥花序，聚伞花序有花1-3朵，总梗和花梗均疏生微腺毛；花萼无毛，裂片近圆形至圆椭圆形，膜质边缘在果期才明显；

花冠长约6毫米，紫红色，上唇色较深，花冠筒长约4毫米，球状筒形，上唇裂片扁圆形，下唇侧裂片长仅及上唇之半；雄蕊约与花冠等长，退化雄蕊近矩圆形；子房长约2毫米，花柱长约为子房的2倍半。蒴果尖卵形，连同短喙长5-8毫米。

物候期： 花期5-10月，果期8-11月。

分布范围及生境： 分布于青海省。生于海拔4000-6000米的山坡草地及林下石上。

紫葳科 Bignoniaceae

■ 角蒿属 *Incarvillea*

密生波罗花 *Incarvillea compacta*

别名： 野萝卜、欧切、密生角蒿、全缘角蒿

形态特征： 多年生草本。株高20-30厘米。直根系，根肉质，呈圆锥状。叶为一回羽状复叶，聚生于茎基部，长8-15厘米；侧生小叶，呈卵形，长2-3.5厘米，宽1-2厘米，顶端渐尖，基部圆形；顶端小叶呈近卵圆形，比侧生小叶较大，全缘。总状花序密集，聚生于茎顶端；小苞片2；花梗呈线形；花萼呈钟状，为绿色或紫红色，具深紫色斑点，萼齿呈三角形；花冠为红色或紫红色，花冠筒外为紫色，具黑色斑点，内面具少数紫色条纹；裂片呈圆形，顶端微凹，有腺体；雄蕊着生于花冠筒基部，花药两两靠合，退化雄蕊小，弯曲状；子房呈长圆形，2室，柱头呈扇形。蒴果呈长披针形，两端尖，木质化，长约11厘米，宽及厚约1厘米，具明显的4棱。

物候期： 花期5-7月，果期8-12月。

分布范围及生境：分布于青海省祁连县和天峻县。生于海拔 3400-3600 米处的空旷石砾山坡及草灌丛中。

主要价值：具有药用价值。花、种子和根有清热燥湿、祛风止痛和健胃等功效，主治胃脘痛、黄疸、消化不良、耳炎、耳聋、月经不调、高血压和肺出血等症状。

藏波罗花 *Incarvillea younghusbandii*

别名：角蒿、乌确码子布（藏语名）

形态特征：矮小宿根草本。株高 10-20 厘米。直根系，根肉质，粗壮。无茎。叶基生，平铺于地上，为一回羽状复叶；顶端小叶呈卵圆形至圆形，基部心形，侧生小叶呈椭圆形，长 1-2 厘米，宽约 1 厘米，具泡状隆起，有钝齿，近无柄。短总状花序，花单生或 3-6 朵着生于叶腋中抽出的总梗上；花萼呈钟状，无毛，萼齿不等大，平滑；花冠细长，呈漏斗状；花冠筒呈橘黄色，花冠裂片开展，呈圆形；雄蕊 4，着生于花冠筒基部，花药丁字形着生，雌蕊的花柱与花药抱合，柱头呈扇形，薄膜状；子房 2 室，呈棒状，胚珠在每一胎座上 1-2 列。蒴果近于木质，弯曲或呈新月形，长 3-4.5 厘米，具四棱，顶端锐尖，为淡褐色。种子 2 列，呈椭圆形，长 5 毫米，宽 2.5 毫米，近黑色，具不明显细齿状周翅及鳞片。

物候期：花期 5-8 月，果期 8-10 月。

分布范围及生境：分布于青海省天峻县。生于海拔约 3500 米处的高山沙质草甸及山坡砾石垫状灌丛中。

主要价值：具有药用价值。以根入药，有滋补强壮的功效，主治产后少乳、久病虚弱、头晕和贫血等症状。

车前科 Plantaginaceae

■ 车前属 *Plantago*

平车前 *Plantago depressa*

别名：车前草、车串串、小车前
形态特征：一年生或二年生草本。
株高5-20厘米。直根系，直根长，
具多数侧根，肉质。根茎短。叶
基生呈莲座状，平卧、斜展或直
立；叶片呈椭圆形、椭圆状披针
形或卵状披针形，边缘具浅波状
钝齿、不规则锯齿或牙齿，基部
呈宽楔形至狭楔形，两面被稀疏
白色短柔毛；基部扩大成鞘状。

穗状花序，花序梗有纵条纹，生有少量白色短柔毛；苞片呈三角状卵形，无毛；花萼无毛，
前对萼片呈狭倒卵状椭圆形至宽椭圆形，后对萼片呈倒卵状椭圆形至宽椭圆形；花冠为
白色，无毛；冠筒呈椭圆形或卵形；雄蕊着生于冠筒内面近顶端，花药呈卵状椭圆形或
宽椭圆形，新鲜时为白色或绿白色，干后为淡褐色；胚珠5颗。蒴果呈卵状椭圆形或圆
锥状卵形，长4-5毫米。种子呈椭圆形，长1.2-1.8毫米，具4-5粒，为黄褐色或黑色。
物候期：花期5-7月，果期7-9月。
分布范围及生境：分布于青海省天峻县和刚察县。生于海拔3100-3400米处的草地、河
滩及草甸中。
主要价值：具有药用价值和食用价值。全株具有利尿、清热、明目、祛痰等功效，主治
小便不通、淋浊、带下、尿血、黄疸、水肿、热痢、泄泻、鼻衄、目赤肿痛、喉痹、咳嗽、
皮肤溃疡等症状。其幼苗可食，采集4-5月间的幼嫩苗，沸水轻煮后，凉拌、蘸酱、炒食、
做馅、做汤或和面蒸食等。

茜草科 Rubiaceae

■ 拉拉藤属 *Galium*

蓬子菜 *Galium verum*

别名：乌如木杜乐（蒙语名）、蓬子草、重台草、黄米花、鸡肠草、疗毒蒿、柳绒蒿、老鼠针、铁尺草、蛇望草、松叶草

形态特征：多年生近直立草本。株高 25-45 厘米，基部稍木质。直根系。茎有 4 角棱，被短柔毛或秕糠状毛。叶轮生，纸质，呈线形，通常长 1.5-3 厘米，宽 1-1.5 毫米，顶端短尖，边缘极反卷，常卷成管状，上面无毛，稍有光泽，下面有短柔毛，稍苍白，干时常变黑色，1 脉，无柄。聚伞花序，顶生和腋生，较大，多花，通常在茎顶结成带叶的圆锥花序状；总花梗密被短柔毛；萼管无毛；花冠为黄色，呈辐状，无毛，花冠裂片呈卵形或长圆形，顶端稍钝，花药为黄色，顶部 2 裂。果小，双生，近球状，直径约 2 毫米，无毛。

物候期：花期 4-8 月，果期 5-10 月。

分布范围及生境：分布于青海省祁连县扎麻什乡。生于海拔约 2600 米处的灌丛草地中。

主要价值：具有药用价值。全草入药，有清热解毒、活血通经和祛风止痒的功效，主治肝炎、腹水、咽喉肿痛、疮疖肿毒、跌打损伤、妇女经闭、带下、毒蛇咬伤、荨麻疹和稻田皮炎等症状。

■ 茜草属 *Rubia*

茜草 *Rubia cordifolia*

别名：血茜草、血见愁、蒨草、地苏木、活血丹、土丹参、红内消

形态特征：草质攀援藤木。长 1.5-3.5 米。直根系，根状茎和其节上的须根均为红色。茎数至多条，从根状茎的节上发出，细长，呈方柱形，有 4 棱。叶通常 4 枚轮生，纸质，呈披针形或长圆状披针形，长 0.7-3.5 厘米，边缘有齿状皮刺，两面粗糙，脉上有微小皮刺；基出脉 3 条，极少外侧有 1 对很小的基出脉；叶柄有倒生皮刺。聚伞花序，有花 10 余朵至数十朵，腋生和顶生，多回分枝，花序和分枝均细瘦，有微小皮刺；花冠为淡黄色，干时为淡褐色，花冠裂片近卵形，微

伸展，外面无毛。果呈球形，直径通常为 4-5 毫米，成熟时为橘黄色。

物候期：花期 8-9 月，果期 10-11 月。

分布范围及生境：分布于青海省祁连县。生于海拔约 2500 米处的灌丛或草地中。

主要价值：具有药用价值。根和根茎入药，有行血止血、通经活络和止咳祛痰等功效，主治吐血、衄血、尿血、便血、血崩、经闭、风湿痹痛、跌打损伤、瘀滞肿痛、黄疸和慢性气管炎等症状。

忍冬科 Caprifoliaceae

忍冬属 *Lonicera*

刚毛忍冬 *Lonicera hispida*

别名：刺毛忍冬、异萼忍冬

形态特征：落叶灌木。株高约 2 米。直根系。幼枝连同叶柄和总花梗均具刚毛或兼具微糙毛和腺毛，稀无毛。冬芽有 1 对具纵槽外鳞片，外面有微糙毛或无毛。叶为厚纸质，呈椭圆形、卵状椭圆形、卵状长圆形、长圆形或稀线状长圆形，长（2）3-7（8.5）厘米，基部有时微心形，近无毛或下面脉有少数刚伏毛或两面均有刚伏毛和糙毛，边缘有刚睫毛。苞片呈宽卵形，有时带紫红色；相邻两萼筒分离，常具刚毛和腺毛，稀无毛，萼檐呈波状；花冠为白或淡黄色，呈漏斗状，近整齐，外面有糙毛或刚毛或几无毛，有时兼有腺毛，冠筒基部具囊，裂片直立，短于冠筒；雄蕊与花冠等长；花柱伸出。果熟时先

为黄色，后为红色，呈卵圆形或长圆筒形，长 1-1.5 厘米。种子为淡褐色，呈矩圆形，稍扁，长 4-4.5 毫米。

物候期：花期 5-6 月，果期 7-9 月。

分布范围及生境：分布于青海省祁连县扎麻什乡二尕公路附近。生于海拔约 2800 米处的山坡及林缘灌丛中。

主要价值：具有药用价值。花蕾供药用，有清热解毒功效，新疆民间用以治感冒、肺炎等症状。

岩生忍冬 *Lonicera rupicola*

别名：西藏忍冬

形态特征：落叶灌木。株高 1.5-2.5 米。直根系。幼枝和叶柄均被屈曲、白色柔毛和微腺毛，或近无毛；小枝纤细，叶脱落后小枝顶常呈针刺状。叶纸质，3（4）枚轮生，稀对生，呈线状披针形、长圆状披针形或长圆形，长 0.5-3.7 厘米，上面无毛或有微腺毛，下面被白色毡毛状屈曲柔毛；幼枝上部叶有时无毛。花生于幼枝基部叶腋，总花梗极短；苞片、小苞片和萼齿边缘均具微柔毛和微腺；苞片呈线状披针形或线状倒披针形，稍长于萼齿；杯状小苞顶端平截或 4 浅裂至中裂；相邻两萼筒分离，无毛，萼齿呈窄披针形，长于萼筒；花冠为淡紫或紫红色，5 裂，呈筒状钟形，外面常被微柔毛和微腺毛，冠筒内面上端有柔毛；裂片呈卵形，开展；花药达冠筒上部；花柱高达花冠筒之半，无毛。果熟时为红色，呈椭圆形，长约 8 毫米。种子为淡褐色，呈矩圆形，长 4 毫米。

物候期：花期 5-8 月，果期 8-10 月。

分布范围及生境：分布于青海省祁连县。生于海拔约 3100 米处的高山灌丛草甸、流石滩边缘、林缘河滩草地及山坡灌丛中。

唐古特忍冬 *Lonicera tangutica*

别名：陇塞忍冬、五台忍冬、五台金银花、裤裆杷、权杷果、羊奶奶、太白忍冬、杯萼忍冬、毛药忍冬、袋花忍冬、短苞忍冬、四川忍冬、毛果忍冬、毛果袋花忍冬、晋南忍冬

形态特征：落叶灌木。株高约 2（4）米。直根系。幼枝无毛或有 2 列弯的短糙毛，有时夹生短腺毛，二年生小枝为淡褐色，纤细，开展。叶呈倒卵形、椭圆形至倒卵状矩圆形，长 1-4（-5）厘米，边常具睫毛。总花梗通常细长、下垂；相邻两花的萼筒 2/3 以上至全部合生；花冠为黄白色或略带粉色，呈筒状漏斗形至半钟状，裂片 5 而直立，基部具浅囊或否，外无毛，稀疏生柔毛，里面生柔毛；雄蕊 5，着生花冠筒中部，花药达花冠裂片基部至稍伸出花冠之外；花柱伸出花冠之外。浆果为红色，直径 6-7 毫米。种子为淡褐色，呈卵圆形或矩圆形，长 2-2.5 毫米。

物候期：花期 5-6 月，果熟期 7-8 月（西藏 9 月）。

分布范围及生境：分布于青海省祁连县。生于海拔约 2500 米处的山坡草地及溪边灌丛。

桔梗科 Campanulaceae

■ 沙参属 *Adenophora*

长白沙参 *Adenophora pereskiifolia*

形态特征：多年生草本。株高约 1 米。直根系，根常短而分叉。茎单生，不分枝，无毛，少数有倒生短硬毛。基生叶早枯萎，茎生叶常轮生或互生，叶片多为椭圆形，极少为卵形，更少为披针形至狭披针形，顶端短渐尖至长渐尖，基部楔状渐狭，具短柄或无柄，边缘为稍内弯的锯齿，长 6-13 厘米，宽 1.5-4 厘米。花序狭金字塔状，其分枝聚伞花序互生，有时仅数朵花集成假总状花序；花萼外面有或无乳头状突起，筒部呈倒卵状或倒卵状球形，裂片呈披针形至条状披针形；花冠呈漏斗状钟形，为蓝紫色或蓝色，裂片呈宽三角形；花盘呈环状至短筒状；花柱多少伸出花冠，有时强烈伸出。蒴果呈卵状椭圆形，长约 8 毫米，直径 4-5 毫米。种子为棕色，呈椭圆状，稍扁，长 2 毫米。

物候期：花期 7-8 月。

分布范围及生境：分布于青海省祁连县。生于海拔约 3100 米处的草地中。

主要价值：具有药用价值。根可入药，有养阴清热、润肺化痰和益胃生津的功效，主治阴虚久咳、痨嗽痰血、燥咳痰少、虚热喉痹和津伤口渴等症状。

长柱沙参 *Adenophora stenanthina*

别名：南沙参、泡参、泡沙参

形态特征：多年生草本。株高 40-120 厘米。直根系，根近圆柱形。茎常密生极短的柔毛。茎生叶互生，无柄，呈条形，长 2.4-6.5 厘米，宽 2-4 毫米，全缘或有疏齿，有时呈狭椭圆形或矩圆形，长达 4 厘米，边缘有不整齐的牙齿，两面有短柔毛。圆锥花序顶生，无毛；花下垂；花萼无毛，裂片 5，呈钻状三角形至钻形，全缘或偶有小齿；花冠细，近于筒状或筒状钟形，5 浅裂，为浅蓝色、蓝色、蓝紫色、紫色；雄蕊与花冠近等长；花盘呈细筒状，完全无毛或有柔毛。蒴果呈椭圆状，长 7-9 毫米，直径 3-5 毫米。

物候期：花期 8-9 月。

分布范围及生境：分布于青海省祁连县。生于海拔约 3000 米处的山坡草地中。

主要价值：具有药用价值。根可入药，有滋阴润肺的功效，主治肺热阴虚所致燥咳及劳嗽咯血、热病伤津、舌干口渴和食欲不振等症状。

菊科 Asteraceae

■ 亚菊属 *Ajania*

铺散亚菊 *Ajania khartensis*

形态特征：多年生铺散草本。株高 20 厘米。直根系。叶圆形、半圆形、扇形或宽楔形，长 0.8-1.5 厘米，二回掌状 3-5 全裂，小裂片椭圆形；接花序下部的叶和下部或基部叶常 3 裂；两面灰白色，被贴伏柔毛，叶柄长达 5 毫米。花茎和不育茎被贴伏柔毛；头状花序排成径 2-4 厘米伞房花序，稀单生；总苞宽钟状，径 0.6-1 厘米，总苞片 4 层，先端钝或稍圆，被柔毛，边缘棕

褐、黑褐或暗灰褐色宽膜质，外层披针形或线状披针形，中内层宽披针形、长椭圆形或倒披针形，长 4-5 毫米；边缘雌花细管状。瘦果长 1.2 毫米。

物候期：花果期 7-9 月。

分布范围及生境：分布于青海省天峻县。生于海拔约 3600 米的山坡。

■ 香青属 *Anaphalis*

铃铃香青 *Anaphalis hancockii*

别名：玲玲香、铜钱花

形态特征：多年生草本。直根系。根茎细长，匍枝顶生莲座状叶丛；茎被蛛丝状毛及腺毛，上部被蛛丝状密绵毛。莲座状叶与茎下部叶匙状或线状长圆形，长 2-10 厘米，基部渐窄成具翅柄或无柄；中部及上部叶直立，线形或线状披针形，稀线状长圆形；叶两面被蛛丝状毛及头状具柄腺毛，边缘被灰白色蛛丝状长毛，离基 3 出脉。头状花序在茎端密集成复伞房状；总苞宽钟状，长 8-9（-11）毫米，总苞片 4-5 层，外层卵圆形，红褐或黑褐色，内层长圆披针形，上部白色，最内层线形，有长爪。瘦果长圆形，长约 1.5 毫米，被密乳突。

物候期：花期 6-8 月，果期 8-9 月。

分布范围及生境：分布于青海省祁连县。生于海拔 2000-3700 米的亚高山山顶及山坡草地。

乳白香青 *Anaphalis lactea*

别名：大矛香艾

形态特征：多年生草本。直根系。根状茎粗壮。莲座状叶丛或花茎常丛生。头状花序在茎枝端密集成复伞房状；总苞钟状，长 6 毫米，径 5-7 毫米，总苞片 4-5 层，外层卵圆形，褐色，被蛛丝状毛，内层卵状长圆形，乳白色，先端圆，最内层窄长圆形，有长爪。瘦果圆柱形，长约 1 毫米，近无毛。

物候期：花果期 7-9 月。

分布范围及生境：分布于青海省刚察县。生于海拔 2900-3300 米的亚高山或低山草地及针叶林下。

主要价值：具有药用价值。具有清热止咳、散瘀止血的功效，主治感冒头痛、肺热咳嗽、外伤出血。

尼泊尔香青 *Anaphalis nepalensis*

别名：打火草

形态特征：多年生草本。直根系。根茎匍枝有倒卵形或匙形叶和顶生莲座状叶丛；茎高 5-30 厘米，被白色密绵毛，或无茎。下部叶花期生存，与莲座状叶同形，匙形、倒披针形或长圆状披针形，长 1-7 厘米，基部渐窄；中部叶长圆形或倒披针形，基部稍抱茎，或茎短而无中上部叶；叶两面或下面被白色绵毛及腺毛，有 1 脉或离基 3 出脉。头状花序 1-6，稀较多疏散伞房状排列；总苞近球状，径 1.5-2 厘米，总苞片 8-9 层，开展，外层卵圆状披针形，深褐色；内层披针形，白色，基部深褐色；最内层线状披针形，有长爪。瘦果圆柱形，长 1 毫米，被微毛。

物候期：花期 6-9 月，果期 8-10 月。

分布范围及生境：分布于青海省祁连县。生于海拔约 3500 米的高山或亚高山草地、林缘、沟边及岩石上。

主要价值：具有药用价值。具有清热平肝、止咳定喘的功效，主治感冒咳嗽、急慢性气管炎、支气管炎和哮喘、高血压病。

香青 *Anaphalis sinica*

别名：通畅香、萩、籁箫

形态特征：多年生草本。直根系。茎被白或灰白色绵毛，叶较密，节间长 0.5-1 厘米。莲座状叶被密绵毛；茎中部叶长圆形、倒披针长圆形或线形，基部下延成翅；上部叶披针状线形或线形；叶上面被蛛丝状绵毛，下面或两面被白或黄白色厚绵毛，有单脉或具侧脉向上离基 3 出脉。头状花序密集成复伞房状或多次复伞房状；总苞钟状或近倒圆锥状，长 4-5 （6）毫米，总苞片 6-7 层，外层卵圆形，白或浅红色，被蛛丝状毛，内层舌状长圆形，乳白或污白色，最内层长椭圆形，有长爪。瘦果长 0.7-1 毫米，被小腺点。

物候期：花期 6-9 月，果期 8-10 月。

分布范围及生境：分布于青海省祁连县。生于海拔 400-2000 米的低山或亚高山灌丛、草地、山坡及溪岸。

■ 蒿属 *Artemisia* ———————————————

碱蒿 *Artemisia anethifolia*

别名：盐蒿、大茴萝蒿、糜糜蒿、臭蒿、伪茵陈

形态特征：一至二年生草本。直根系。主根单一，垂直。茎、枝初被绒毛，叶时被柔毛。基生叶椭圆形或长卵形，长 3-4.5 厘米，二至三回羽状全裂；中部叶卵形、宽卵形或椭圆状卵形，长 2.5-3 厘米，一至二回羽状全裂，每侧裂片 3-4，侧边中部裂片常羽状全裂，裂片或小裂片窄线形；上部叶与苞片叶无柄，5 或 3 全裂或不裂。头状花序半球形或宽卵圆形，具短梗，基部有小苞片，排成穗状总状花序，并在茎上组成疏散、开展圆锥花序；总苞片背面微被白色柔毛或近无毛；花序托突起，托毛白色；雌花 3-6；两性花 18-28，檐部黄或红色。瘦果椭圆形或倒卵圆形。

物候期：花果期 8-10 月。

分布范围及生境：分布于青海省刚察县。生于海拔 800-2300 米附近的干山坡、干河谷、碱性滩地、盐渍化草原附近及荒地。

沙蒿 *Artemisia desertorum*

别名：漠蒿、薄蒿、草蒿、荒地蒿、荒漠蒿

形态特征：多年生草本。茎单生或少数，上部分枝；茎、枝幼被微柔毛。基生叶卵形，长 2-3 厘米，二回羽状深裂，小裂片椭圆形或长卵形；叶下面无毛，下面初被绒毛；茎下部叶与营养枝叶长圆形或长卵形，长 2-5 厘米，二回羽状全裂或深裂，每侧裂片 2-3，裂片椭圆形或长圆形，每裂片常 3-5 深裂或浅裂，小裂片线形、线状披针形或长椭圆形，叶柄长 1-3 厘米，基部有线形、半抱茎假托叶；中部叶长卵形或长圆形，一至二回羽状深裂，叶柄短，具半抱莲假托叶；上部叶 3-5 深裂；苞片叶 3 深裂或不裂。头状花序卵圆形或近球形，基部有小苞叶，排成穗状。瘦果倒卵圆形或长圆形。

物候期：花果期 8-10 月。

分布范围及生境：分布于青海省刚察县。生于海拔 3300-3500 米的草原、草甸、森林草原、高山草原、荒坡、砾质坡地、干河谷、河岸边、林缘及路旁等地。

主要价值：具有药用价值。具有止咳、祛痰、平喘的功效，主治慢性气管炎、哮喘、感冒、风湿性关节炎等症。

冷蒿 *Artemisia frigida*

别名：白蒿、小白蒿、兔毛蒿、寒地蒿

形态特征：多年生草本。直根系。茎、枝、叶两面及总苞片背面密被淡灰黄或灰白色、稍绢质绒毛，后茎毛稍脱落；茎下部叶与营养枝叶长圆形或倒卵状长圆形，长 0.8-1.5 厘米，二（三）回羽状全裂，每侧裂片（2）3-4，叶柄长 0.5-2 厘米：中部叶长圆形或倒卵状长圆形，一至二回羽状全裂，每侧裂片 3-4，中部与上半部侧裂片常 3-5 全裂；上部叶与苞片叶羽状全裂或 3-5 全裂。头状花序半球形、球形或卵球形，排成总状或总状圆锥花序：总苞片边缘膜质，花序托有白色托毛；雌花 8-13，两性花 20-30，花冠檐部黄色。瘦果长圆形或椭圆状倒卵圆形。

物候期：花果期 7-10 月。

分布范围及生境：分布于青海省德令哈市。

生于海拔 2900-3300 米的草原、荒漠草原及干旱或半干旱地区的山坡、路旁等地。

主要价值：具有药用价值。全草入药，具有止痛、消炎、镇咳的功效。

华北米蒿 *Artemisia giraldii*

别名：吉氏蒿、艾蒿、灰蒿、米棉蒿

形态特征：亚灌木状草本。直根系。茎常成小丛，分枝长 8-14 厘米，斜展；茎、枝幼被微柔毛。叶上面疏被灰白或淡灰色柔毛，下面初密被灰白色微蛛丝状柔毛；茎下部叶卵形或长卵形，指状 3（5）深裂，裂片披针形或线状披针形，中部叶椭圆形，长 2-3 厘米，指状 3 深裂，裂片线形或线状披针形，叶基部渐窄成短柄状；上部叶与苞片叶 3 深裂或不裂，线形或线状披针形。头状花序宽卵圆形、近球形或长圆形，径 1.5-2 毫米，有小苞叶，排成穗状总状花序或复总状花序，在茎上组成开展圆锥花序；总苞片无毛；雌花 4-8；两性花 5-7。瘦果倒卵圆形。

物候期：花果期 7-10 月。

分布范围及生境：分布于青海省刚察县。生于海拔 1000-2300 米的黄土高原、山坡、干河谷、丘陵、路旁、滩地、林缘、森林草原、灌丛及林中空地等。

主要价值：具有药用价值。有清热、解毒、利肺功效。

盐蒿 *Artemisia halodendron*

别名：差不嘎蒿、褐沙蒿、沙蒿、沙把嘎、沙漠嘎、呼伦 - 沙里尔日（蒙语名）、普勒罕达（蒙药名）

形态特征：小灌木。直根系。茎下部茶褐色，上部红色；基部分枝；茎、枝初被灰黄色绢质柔毛。叶初微被灰白色柔毛；茎下部叶与营养枝叶宽卵形或近圆形，长 3-6 厘米，二回羽状全裂，每侧裂片（2）3-4，基部裂片长，羽状全裂，每侧具小裂片 1-2，小裂片窄线形，叶柄长 1.5-4 厘米；中部叶宽卵形或近圆形。头状花序卵球形，直立，基部有小苞叶，排成复总状花序；总苞片无毛，绿色；雌花 4-8；两性花 8-15。瘦果长卵圆形或倒卵状椭圆形，果壁有细纵纹及胶质。

物候期：花果期 7-10 月。

分布范围及生境：分布于青海省刚察县。生于海拔约 3300 米的荒漠草原、草原、森林草原及砾质坡地等。

主要价值：具有药用价值。有止咳、镇喘、祛痰、消炎、解表功效。

臭蒿 *Artemisia hedinii*

别名：海定蒿、牛尾蒿

形态特征：一年生草本。直根系。茎、枝无毛或疏被腺毛状柔毛。叶下面微被腺毛状柔毛；基生叶密集成莲座状，二回栉齿状羽状分裂，小裂片具多枚栉齿，叶柄短或近无柄；茎下部与中部叶长椭圆形，长 6-12 厘米，二回栉齿状羽状分裂，具多枚小裂片，小裂片两侧密被细小锐尖栉齿；上部叶与苞片叶一回栉齿状羽状分裂。头状花序半球形或近球形，径 3-4（5）毫米，在花序分枝上排成密穗状花序，在茎上组成密集窄圆锥花序，总苞片背面无毛或微有腺毛状柔毛，边缘紫褐色，膜质；花序托突起，半球形；雌花 3-8；两性花 15-30。瘦果长圆状倒卵圆形。

物候期：花果期 7-10 月。

分布范围及生境：分布于青海省祁连县。生于海拔约 3500 米的湖边草地、河滩、砾质坡地、田边、路旁及林缘等。

主要价值：具有药用价值。有清热、解毒、凉血、消炎、除湿的功效。

垫型蒿 *Artemisia minor*

别名：小灰蒿

形态特征：垫状亚灌木状草本。直根系。茎、枝、叶两面及总苞片背面密被灰白或淡灰黄色平贴丝状绵毛；茎下部与中部叶近圆形、扇形或肾形，长 0.6-1.2 厘米，二回羽状全裂，每侧裂片 2（3），每裂片 3-5 全裂，小裂片披针形或长椭圆状披针形，叶柄长 4-8 毫米；上部叶与苞片叶小，羽状全裂或深裂、3 全裂或不裂。头状花序半球形或近球形，有短梗或近无梗，排成穗状总状花序；花序托半球形，密生白色托毛；雌花 10-18；两性花 50-80，花冠檐部紫色。瘦果倒卵圆形。

物候期：花果期 7-10 月。

分布范围及生境：分布于青海省德令哈市。生于海拔约 4000 米山坡、山谷、河漫滩、分水岭、洪积扇、盐湖边、冰渍台、砾石坡地、砾质草地及路旁等。

黑沙蒿 *Artemisia ordosica*

别名：沙蒿、鄂尔多斯蒿、油蒿、籽蒿

形态特征：小灌木。直根系。茎高达 1 米，分枝多，茎、枝组成密丛。叶初两面微被柔毛，稍肉质；茎下部叶宽卵形或卵形，一至二回羽状全裂，每侧裂片 3-4，基部裂片长，有时 2-3 全裂，小裂片线形，叶柄短；中部叶卵形或宽卵形，长 3-5（-7）厘米，一回羽状全裂，每侧裂片 2-3，裂片线形；上部叶 5 或 3 全裂，裂片线形；苞片叶 3 全裂或不裂。

头状花序卵圆形，径 1.5-2.5 毫米，有短梗及小苞叶，排成总状或复总状花序，在茎上组成圆锥花序；总苞片黄绿色，无毛；雌花 10-14；两性花 5-7。瘦果倒卵圆形，果壁具细纵纹及胶质。

物候期：花果期 7-10 月。

分布范围及生境：分布于青海省德令哈市。生于海拔约 3000 米的荒漠与半荒漠地区的流动与半流动沙丘或固定沙丘上。

主要价值：具有药用价值和经济价值。主治风湿性关节炎和疮疖痈肿。黑沙蒿种子含有大量胶质，可作为增稠剂、凝胶剂、稳定剂等广泛应用于食品、纺织、造纸、医药、石油、煤矿等领域。

大籽蒿 *Artemisia sieversiana*

别名：山艾、大白蒿、大头蒿、苦蒿

形态特征：一、二年生草本。直根系。主根单一。茎单生，纵棱明显，分枝多；茎、枝被灰白色微柔毛。下部与中部叶宽卵形或宽卵圆形，两面被微柔毛，长 4-8（-13）厘米，二至三回羽状全裂，稀深裂，每侧裂片 2-3，小裂片线形或线状披针形，叶柄长（1-）2-4厘米；上部叶及苞片叶羽状全裂或不裂。头状花序大，多数排成圆锥花序，总苞半球形或近球形，具短梗，稀近无梗，基部常有线形小苞叶，在分枝排成总状花序或复总状花序，并在茎上组成开展或稍窄圆锥花序；总苞片背面被灰白色微柔毛或近无毛；花序托突起，半球形，有白色托毛。瘦果长圆形。

物候期：花果期 6-10 月。

分布范围及生境：分布于青海省祁连县。生于海拔 500-2200 米的路旁、荒地、河漫滩、草原、森林草原、干山坡及林缘等。

■ 紫菀属 *Aster*

阿尔泰狗娃花 *Aster altaicus*

别名：阿尔泰紫菀

形态特征：多年生草本。直根系。有横走或垂直的根。茎直立，高 20-60 厘米稀达 100 厘米，被上曲或有时开展的毛，上部或全部有分枝。基部叶在花期枯萎；下部叶条形或矩圆状披针形，倒披针形，或近匙形，长 2.5-6 厘米稀达 10 厘米，宽 0.7-1.5 厘米；上部叶渐狭小，条形；全部叶两面或下面被粗毛或细毛，中脉在下面稍突起。头状花序直径 2-3.5 厘米，单生枝端或排成伞房状。总苞半球形；总苞片 2-3 层，近等长或外层稍

短，矩圆状披针形或条形，顶端渐尖，背面或外层全部草质，被毛，常有腺，边缘膜质。舌状花约 20 个；舌片浅蓝紫色，矩圆状条形，有疏毛。瘦果扁，倒卵状矩圆形，长 2-2.8 毫米，宽 0.7-1.4 毫米，灰绿色或浅褐色，被绢毛，上部有腺。冠毛污白色或红褐色，有不等长的微糙毛。

分布范围及生境：分布于青海省刚察县。生于海拔约 3200 米的草原、草甸、山地、戈壁滩地及河岸路旁。

主要价值：具有饲用价值。山羊及绵羊乐食其嫩枝叶，绵羊喜食其花，开花后地上部分骆驼爱采食。

青藏狗娃花 *Aster boweri*

形态特征：二或多年生草本。直根系，有肥厚的圆柱状直根。茎单生或 3-6 个簇生于根颈上，被白色密硬毛。基部叶密集，条状匙形，长达 3 厘米，宽约 0.4 厘米，顶端尖或钝，基部宿存；下部叶条形或条状匙形，基部宽大，抱茎；上部叶条形；全部叶质厚，全缘或边缘皱缩，有缘毛。头状花序单生于茎端或枝端，径 2.5-3 厘米；总苞半球形；总苞片

2-3 层，顶端渐尖，被腺及密粗毛，外层长 7 毫米，草质，内层较尖，边缘狭膜质。舌状花约 50 个；舌片蓝紫色；裂片外面有微毛。瘦果狭，倒卵圆形，长 2.8-3 毫米，有黑斑，被疏细毛。冠毛污白色或稍褐色，有多数不等长的糙毛。

物候期：花果期 7-8 月。

分布范围及生境：分布于青海省德令哈市。生于海拔约 4300 米的高山砾石沙地。

主要价值：具有药用价值。主治感冒咳嗽、咽痛、疹症、蛇咬伤。

半卧狗娃花 *Aster semiprostratus*

形态特征： 多年生草本。直根系。主根长，直伸，颈短，生出多数簇生茎枝。茎枝平卧或斜升，很少直立，基部或下部常为泥沙覆盖，被平贴的硬柔毛，基部分枝，有时叶腋有具密叶的不育枝。叶条形或匙形，长 1-3 厘米，宽 2-4 毫米，顶端宽短尖，基部渐狭，全缘，两面被平贴的柔毛或上面近无毛，散生闪亮的腺体；中脉上面稍下陷，下面稍突起，有时基部有 3 脉。头状花序单生枝端；总苞半球形；总苞片 3 层，披针形，渐尖，长 6-8 毫米，宽 0.8-1.8 毫米，绿色，外面被毛和腺体，内层边缘宽膜质。舌状花 20-35 个；舌片蓝色或浅紫色；管花黄色，裂片 1 长 4 短，花柱附属物三角形；花冠具浅棕红色毛。瘦果倒卵形，长 1.7-2 毫米，宽 0.7-0.9 毫米，被绢毛，上部有腺。

分布范围及生境： 分布于青海省德令哈市。生于海拔约 4000 米的干燥多砂石的山坡、冲积扇上及河滩砂地。

缘毛紫菀 *Aster souliei*

形态特征： 多年生草本。直根系。根茎粗壮。莲座状叶与茎基部叶倒卵圆形、长圆状匙形或倒披针形，长 2-7（-11）厘米，下部渐窄成具宽翅而抱茎的柄，全缘；下部及上部叶长圆状线形，叶两面近无毛，或上面近边缘而下面沿脉被疏毛。头状花序单生茎端，径 3-4（-6）厘米；总苞半球形，总苞片约 3 层，线状稀匙状，下部草质，上部草质，背面无毛或沿中脉有毛，或有缘毛；舌状花黄色，管部长 1.2-2 毫米，有毛；冠毛 1 层，紫褐色，有糙毛。瘦果卵圆形，稍扁，被密粗毛。

物候期： 花期 5-7 月，果期 8 月。

分布范围及生境： 分布于青海省祁连县。生于海拔约 3400 米的高山针叶林外缘、灌丛及山坡草地。

主要价值： 具有药用价值。有消炎、止咳、平喘的功效。

■ 紫菀木属 *Asterothamnus*

中亚紫菀木 *Asterothamnus centraliasiaticus*

形态特征：多分枝半灌木。株高 20-40 厘米。直根系。根状茎粗壮，茎多数，簇生，下部多分枝，上部有花序枝，直立或斜升，外皮淡红褐色，被灰白色短绒毛。叶较密集，斜上或直立，长圆状线形或近线形，长（8）12-15 毫米，宽 1.5-2 毫米，先端尖，基部渐狭，边缘反卷。头状花序较大，在茎枝顶端排成疏散的伞房花序，花序梗较粗壮，少有具短花序梗而排成密集的伞房花序；总苞片 3-4 层，卵圆形或披针形，内层长圆形，通常紫红色，背面被灰白色蛛丝状短毛；外围有 7-10 个舌状花，舌片开展，淡紫色，花冠管状，黄色，檐部钟状；花药基部钝，顶端具披针形的附片；花柱分枝顶端有短三角状卵形的附器。瘦果长圆形，长 3.5 毫米，稍扁，基部缩小，具小环，被白色长伏毛；冠毛白色，糙毛状。

物候期：营养期 4-7 月，花期 6-8 月，果期 8-9 月。

分布范围及生境：分布于青海省德令哈市。生于海拔 3000 米疏松的沙砾质冲积和洪积土壤上。

主要价值：具有饲用价值。是骆驼的良好饲料。

■ 飞廉属 *Carduus*

飞廉 *Carduus nutans*

形态特征：二年生或多年生草本。直根系。茎单生或簇生，茎枝疏被蛛丝毛和长毛。中下部茎生叶长卵形或披针形，长（5-）10-40 厘米，羽状半裂或深裂，侧裂片 5-7 对，斜三角形或三角状卵形。头状花序下垂或下倾；总苞钟状或宽钟状，总苞片多层，向内层渐长，无毛或疏被蛛丝状毛，最外层长三角形，中层及内层三角状披针形，长椭圆形或椭圆状披针形，最内层苞片宽线形或线状披针形；小花紫色。瘦果灰黄色，楔形，稍扁，有多数浅褐色纵纹及横纹，果缘全缘；冠毛白色，锯齿状。

物候期：花果期 6-10 月。

分布范围及生境：分布于青海省祁连县。生于海拔 540-2300 米的山谷、田边及草地。

蓟属 *Cirsium*

葵花大蓟 *Cirsium souliei*

别名：聚头蓟

形态特征：多年生铺散草本。直根系。主根粗壮，直伸，生多数须根。茎基粗厚，无主茎，顶生多数或少数头状花序，外围以多数密集排列的莲座状叶丛。全部叶基生，莲座状，长椭圆形、椭圆状披针形或倒披针形，羽状浅裂、半裂、深裂至几全裂，长 8-21 厘米，宽 2-6 厘米，有长 1.5-4 厘米的叶柄，两面同色，绿色。花序梗上的叶小，苞叶状，边缘针刺或浅刺齿裂。头状花序多数或少数集生于茎基顶端的莲座状叶丛中，花序梗极短（长 5-8 毫米）或几无花序梗；总苞宽钟状，无毛；总苞片 3-5 层，镊合状排列，近等长，中外层长三角状披针形或钻状披针形；小花紫红色，花冠长 2.1 厘米，檐部长 8 毫米，不等 5 浅裂，细管部长 1.3 厘米。瘦果浅黑色，长椭圆状倒圆锥形，稍压扁，长 5 毫米，宽 2 毫米，顶端截形。冠毛白色或污白色或稍带浅褐色；冠毛刚毛多层，基部连合成环，整体脱落。

物候期：花果期 7-9 月。

分布范围及生境：分布于青海省天峻县。生于海拔约 3300 米的山坡及草地。

主要价值：具有药用价值。有凉血止血、散瘀消肿的功效，主治吐血、衄血、尿血、崩漏、痈肿疮毒。

垂头菊属 *Cremanthodium*

盘花垂头菊 *Cremanthodium discoideum*

形态特征：多年生草本。直根系。茎高 15-30 厘米，黑紫色，上部被白和紫褐色长柔毛。丛生叶卵状长圆形或卵状披针形，长 1.5-4 厘米，宽 0.7-1.5 厘米，先端钝，全缘，稀有小齿，基部圆，两面无毛，叶脉羽状，叶柄长 1-6 厘米，无毛，基部鞘状；茎生叶少，上部叶线形，下部叶披针形，半抱茎，无柄。头状花序单生，盘状；总苞半球形，长 0.8-1 厘米，径 1.5-2.5 厘米，密被黑褐色长柔毛，总苞片 8-10，2 层，线状披针形；小花多数，黑紫色，全部管状，长 7-8 毫米；冠毛白色，与花冠等长或稍短。

物候期：花果期 6-8 月。

分布范围及生境：分布于青海省祁连县。生于海拔 3000-5400 米的林中、草坡、高山流石滩及沼泽地。

主要价值：具有药用价值。具有息风止痉功效，主治肝风内动、惊痫抽搐等症。

车前状垂头菊 *Cremanthodium ellisii*

别名：俄尕（藏语名）

形态特征：多年生草本。直根系。茎高 8-60 厘米，不分枝或上部花序有分枝，密被铁灰色长柔毛。丛生叶卵形、宽椭圆形或长圆形，长 1.5-19 厘米，全缘或有小齿或缺齿，稀浅裂，基部下延，两面无毛或幼时疏被白色柔毛，叶脉羽状，叶柄长 1-13 厘米，宽约 1.5 厘米，常紫红色，基部具筒状鞘；茎生叶卵形、卵状长圆形或线形，全缘或有齿，

半抱茎。头状花序 1-5，通常单生或排成伞房状总状花序，辐射状；总苞半球形，密被铁灰色柔毛，总苞片 8-14，2 层，宽 2-9 毫米，先端尖，外层披针形，内层宽，卵状披针形；舌状花黄色，舌片长圆形；管状花多数，深黄色，冠毛白色，与花冠等长。

物候期：花果期 7-10 月。

分布范围及生境：分布于青海省祁连县。生于海拔 3400-5600 米的高山流石滩、沼泽草地及河滩。

主要价值：具有药用价值。具有祛痰止咳、宽胸利气的功效，主治痰喘咳嗽、痨伤及老年虚弱头痛。

条叶垂头菊 *Cremanthodium lineare*

形态特征：多年生草本。直根系。茎高达 45 厘米。丛生叶与茎基部叶线形或线状披针形，长 2-3 厘米，先端急尖，全缘，基部下延成柄，两面光滑，叶脉平行，叶无柄或具短柄；茎生叶多数，披针形或线形，苞叶状。头状花序单生，辐射状；总苞片 12-14，2 层，披针形或卵状披针形，边缘窄膜质；舌状花黄色，舌片线状披针形，先端长渐尖；管状花多数，黄色，冠毛白色，与花冠等长。

物候期：花果期 7-10 月。

分布范围及生境：分布于青海省祁连县。生于海拔 3500 米的高山草地、水边、沼泽草地及灌丛中。

主要价值：具有药用价值。有清热消肿、健胃止呕，主治高热惊风、咽喉肿痛、脘腹胀痛、呕吐。

■ 还阳参属 *Crepis*

北方还阳参 *Crepis crocea*

形态特征：多年生草本。直根系。茎被蛛丝状毛，基部被褐或黑褐色残存叶柄。基生叶倒披针形或倒披针状长椭圆形，连叶柄长 2.5-10 厘米，基部收窄成短翼柄，顶裂片三角形，侧裂片多对，三角形，全缘；无茎生叶或茎生叶 1-3，与基生叶同形，线状披针形或线状钻形，全缘，无叶柄；叶两面被蛛丝状毛或无毛。头状花序直立，单生茎端或枝端；总苞钟状，长 1-1.5 厘米，总苞片 4 层，果期绿色，背面被蛛丝状柔毛，沿中脉被黄绿色刚毛及腺毛，外层线状披针形，内层长椭圆状披针形，内面无毛；舌状小花黄色。瘦果纺锤状，黑或暗紫色，长 5-6 毫米，有 10-12 条等粗纵肋；冠毛白色。

物候期：花果期 5-8 月。

分布范围及生境：分布于青海省天峻县。生于海拔约 3400 米的山坡、农田撂荒地及黄土丘陵地。

还阳参 *Crepis rigescens*

形态特征：多年生草本。直根系。茎上部或中部以上分枝。基部茎生叶鳞片状或线状钻形；中部叶线形，长 3-8 厘米，坚硬，全缘，反卷，两面无毛，无柄。头状花序直立，排成伞房状花序；总苞圆柱状或钟状，长 8-9 毫米，总苞片 4 层，背面被白色蛛丝状毛或无毛，外层线形或披针形，内层披针形或椭圆状披针形，边缘白色膜质，内面无毛；舌状小花黄色，花冠管外面无毛。瘦果纺锤形，长 4 毫米，黑褐色，无喙，有 10-16 条纵肋，肋上疏被刺毛；冠毛白色。

物候期：花果期 4-7 月。

分布范围及生境：分布于青海省天峻县。生于海拔约 3700 米的山坡林缘、溪边及路边荒地。

主要价值：具有药用价值。主治小儿消化及营养不良、胃痛、神经性衰弱。

■ 蓝刺头属 *Echinops*

砂蓝刺头 *Echinops gmelinii*

形态特征：多年生草本。直根系。地下茎粗壮，分枝短，有多数簇生的花茎和根出条，无莲座状叶丛。花茎直立，较细，挺直或有时稍弯曲，不分枝或有时上部有伞房状或近总状花序枝，下部有较密、上部有较疏的叶。叶直立，在花后有时开展，线形或线状披针形，长 2-4.5 厘米，宽 0.2-0.5 厘米，顶端尖或稍尖，有长尖头，基部稍宽，无鞘，无柄，边缘平或有时反卷或波状，

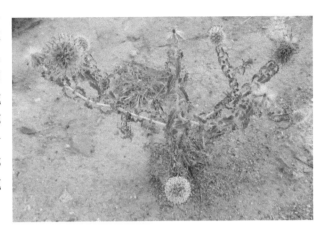

上面灰绿色，被柔毛，下面被白色或灰白色密绵毛或有时被绢毛。头状花序大，3-7 个密集，稀 1 个或较多，在雌株常有较长的花序梗而排列成伞房状；总苞半球形，被白色绵毛；总苞片约 4 层，无色或褐色，常狭尖，稍露出毛茸之上。小花雌雄异株，稀同株；雄花花冠长 3.5 毫米，狭漏斗状，有小裂片；雌花花冠丝状，花后生长，长约 4.5-5 毫米。冠毛白色。不育的子房无毛或有乳头状突起。瘦果有乳头状突起或密粗毛。

物候期：花果期 7-10 月。

分布范围及生境：分布于青海省德令哈市。生于海拔约 2300 米的干旱草原、黄土坡地、石砾地及山区草地。

莴苣属 *Lactuca*

乳苣 *Lactuca tatarica*

别名：蒙山莴苣、紫花山莴苣、苦菜

形态特征：多年生草本。株高 15-60 厘米。直根系。根垂直直伸。茎直立，有细条棱或条纹。柄长 1-1.5 厘米或无柄，羽状浅裂或半裂或边缘有多数或少数大锯齿，顶端钝或急尖，侧裂片 2-5 对。全部叶质地稍厚，两面光滑无毛。头状花序约含 20 朵小花，多数；总苞圆柱状或楔形，长 2 厘米，宽约 0.8 毫米，总苞片 4 层，不成明显的覆瓦状排列，中外层较小，卵形至披针状椭圆形，内层披针形或披针状椭圆形，全部苞片外面光滑无毛，带紫红色；舌状小花紫色或紫蓝色。瘦果长圆状披针形，稍压扁，灰黑色，长 5 毫米，宽约 1 毫米。冠毛 2 层，纤细，白色。

物候期：花果期 6-9 月。

分布范围及生境：分布于青海省德令哈市。生于海拔 2900 米的河滩、湖边、草甸、田边、固定沙丘及砾石地。

火绒草属 *Leontopodium*

火绒草 *Leontopodium leontopodioides*

别名：老头草、老头艾、薄雪草、雪绒花、小头矛香、火绒蒿、大头毛香

形态特征：多年生草本。直根系。地下茎粗壮，分枝短，花茎直立，较细，挺直或有时稍弯曲，不分枝或有时上部有伞房状或近总状花序枝，下部有较密、上部有较疏的叶，下部叶在花期枯萎宿存。叶直立，在花后有时开展，线形或线状披针形，长 2-4.5 厘米，宽 0.2-0.5 厘米，顶端尖或稍尖，有长尖头，基部稍宽，无鞘，无柄；苞叶少数，较上部

叶稍短，常较宽，长圆形或线形，顶端稍尖，基部渐狭两面或下面被白色或灰白色厚茸毛。头状花序大，稀 1 个或较多，在雌株常有较长的花序梗而排列成伞房状；总苞半球形，被白色绵毛；总苞片约 4 层，无色或褐色，常狭尖，稍露出毛茸之上。冠毛白色；雄花冠毛不或稀稍粗厚，有锯齿或毛状齿；雌花冠毛细丝状，有微齿；不育的子房无毛或有乳头状突起。瘦果有乳头状突起或密粗毛。

物候期：花果期 7-10 月。

分布范围及生境：分布于青海省祁连县。生于海拔 100-3200 米的干旱草原、黄土坡地、石砾地及山区草地。

主要价值：具有药用价值和观赏价值。有清热凉血、利尿的功效。主治流行性感冒，急、慢性肾炎，尿道炎，尿路感染。火绒草株形小巧玲珑，银灰的叶片，开着白色头状花序，是美丽的高山花卉，为欧洲阿尔卑斯山的名花，适用于岩石园栽植或盆栽观赏及作干花欣赏。

银叶火绒草 *Leontopodium souliei*

形态特征：多年生草本。直根系。根茎细。茎纤细，被白色蛛丝状长柔毛。莲座状叶上面常脱毛，基部鞘状；茎部叶窄线形或舌状线形，长 1-4 厘米，下部叶无柄，上部叶基部半抱茎，基部被长柔毛；叶两面被毛或下部叶上面疏被银白色绢状茸毛。苞叶多数，线形，两面被银白色长柔毛或白色茸毛，或下面毛茸较薄，密集；头状花序径 5-7 毫米，少数密集；总苞长 3.5-4 毫米，有长柔毛状密茸毛，总苞片约 3 层，先端无毛，褐色，稍露出毛茸。瘦果被粗毛或无毛。

物候期：花期 7-8 月，果期 9 月。

分布范围及生境：分布于青海省德令哈市。生于海拔约 4000 米的高山与亚高山林地、灌丛、湿润草地及沼泽地。

■ 橐吾属 *Ligularia*

黄帚橐吾 *Ligularia virgaurea*

别名：日候（藏语名）、嘎和（藏语名）

形态特征：多年生灰绿色草本。根肉质，簇生。茎直立，光滑，紫红色。叶片卵形、椭圆形或长圆状披针形，边缘有时略反卷，长 3-15 厘米，宽 1.3-11 厘米；叶脉羽状或有时近平行；茎生叶小，无柄，卵形、卵状披针形至线形。总状花序长 4.5-22 厘米，密集或上部密集，下部疏离；苞片线状披针形至线形，向上渐短；花序梗长 3-10（20）毫米；头状花序辐射状，常多数，稀单生；小苞片丝状；总苞陀螺形或杯状；舌状花 5-14，黄色，舌片线形，先端急尖；管状花多数，冠毛白色与花冠等长。瘦果长圆形，长约 5 毫米，光滑。

物候期：花果期 7-9 月。

分布范围及生境：分布于青海省祁连县。生于海拔 3500 米的河滩、沼泽草甸、阴坡湿地及灌丛中。

漏芦属 *Rhaponticum*

顶羽菊 *Rhaponticum repens*

形态特征：多年生草本。株高 25-70 厘米。直根系。根直伸。茎单生，或少数茎成簇生，直立，自基部分枝，分枝斜升。全部茎叶质地稍坚硬，长椭圆形或匙形或线形，长 2.5-5 厘米，宽 0.6-1.2 厘米，顶端钝或圆形或急尖而有小尖头，边缘全缘。多数头状花序，头状花序多数在茎枝顶端排成伞房花序或伞房圆锥花序；总苞卵形或椭圆状卵形；总苞片约 8 层，覆瓦状排列，向内层渐长，外层与中层卵形或宽倒卵形；内层披针形或线状披针形；全部苞片附属物白色，透明，两面被稠密的长直毛；全部小花两性，管状，花冠粉红色或淡紫色，花冠裂片长 3 毫米。瘦果倒长卵形，长 3.5-4 毫米，宽约 2.5 毫米，淡白色，顶端圆形，无果缘。

物候期：花果期 5-9 月。

分布范围及生境：分布于青海省刚察县。生于海拔 3200 米的山坡、丘陵、平原、农田及荒地。

主要价值：具有药用价值。有清热解毒、活血消肿的功效，主治疮疡痈疽、无名肿毒、关节肿痛。

风毛菊属 *Saussurea*

无梗风毛菊 *Saussurea apus*

形态特征：多年生莲座状无茎小草本。直根系。根状茎有分枝。叶莲座状，线形或线状披针形，无柄，长 3 厘米，宽 3-4 毫米，顶端急尖，基部深红色，倒向羽状浅裂或微锯齿，裂片或锯齿的顶端有白色软骨质小尖头，两面绿色，无毛。头状花序无小花梗，单生于莲座状叶丛中；总苞钟状，直径 1.5 厘米；总苞片 3-4 层，外层长卵形，顶端钝或急尖，中层长椭圆形，顶端钝，内层宽线状长椭圆形，外面无毛；

小花紫色，长 1.3 厘米，檐部长 5 毫米。瘦果长 2 毫米，无毛，有脉纹；冠毛 2 层，外层短，糙毛状，白色，内层长，羽毛状，浅黄色。

物候期：花果期 9 月。

分布范围及生境：分布于青海省德令哈市。生于海拔约 4000 米的河谷。

沙生风毛菊 *Saussurea arenaria*

形态特征：多年生矮小草本。株高达 7 厘米。直根系。茎极短，密被白色绒毛，或无茎。叶莲座状，长圆形或披针形，长 4-11 厘米，全缘、微波状或有尖齿，上面被蛛丝状毛及密腺点，下面密被白色绒毛，基部渐窄成长 1.5-4 厘米叶柄。头状花序单生莲座状叶中；总苞宽钟形或宽卵圆形，径 2-3 厘米，总苞片 5 层，背面疏被绒毛及腺点，外层卵状披针形，中层长椭圆形，内层丝形；小花紫红色。瘦果圆柱状，长 3 毫米，无毛；冠毛污白色，2 层。

物候期：花果期 6-9 月。

分布范围及生境：分布于青海省天峻县。生于海拔约 3600 米的山坡、山顶、草甸、沙地及干河床。

主要价值：具有药用价值。有清热解毒、凉血止血的功效，主治感冒发热、头痛、咽喉肿痛、疮疡痈肿、食物中毒等症。

长毛风毛菊 *Saussurea hieracioides*

形态特征：多年生草本。直根系。茎密被白色长柔毛。基生叶莲座状，椭圆形或长椭圆状倒披针形，长 4.5-15 厘米，宽 2-3 厘米，全缘或疏生微浅齿，基部渐窄成具翼短柄；茎生叶与基生叶同形或线状披针形或线形，无柄；叶质薄，两面及边缘疏被长柔毛。头状花序单生茎顶；总苞宽钟形，径 2-3.5 厘米，总苞片 4-5 层，边缘黑紫色，背面密被长柔毛，外层卵状披针形，中层披针形，内层窄披针形或线形；小花紫色。瘦果圆柱状，褐色，长 2.5 毫米；冠毛淡褐色，2 层。

分布范围及生境：分布于青海省天峻县。生于海拔 3300-3500 米的高山碎石土坡及高山草坡。

主要价值：具有药用价值。有泻水逐饮的功效，主治水肿、腹水、胸腔积液。

风毛菊 *Saussurea japonica*

形态特征：二年生草本。直根系。茎无翼，稀有翼，疏被柔毛及金黄色腺点。基生叶与下部茎生叶椭圆形或披针形，长7-22厘米，羽状深裂，裂片7-8对，长椭圆形或线形，裂片全缘，极稀疏生大齿，叶柄长3-3.5（-6）厘米，有窄翼；中部叶有短柄，上部叶浅羽裂或不裂，无柄；叶两面绿色，密被黄色腺点。头状花序排成伞房状或伞房圆锥花序；总苞窄钟状或圆柱形，疏被蛛丝状毛，总苞片6层，外层长卵形，先端有扁圆形紫红色膜质附片，有锯齿；小花紫色。瘦果圆柱形，深褐色；冠毛白色，外层糙毛状。

物候期：花果期6-11月。

分布范围及生境：分布于青海省德令哈市。生于海拔约4400米的山坡及山谷中。

主要价值：具有药用价值。主治牙龈炎、祛风活血、散瘀止痛、风湿痹痛、跌打损伤、麻风、感冒头痛、腰腿痛。

苞叶雪莲 *Saussurea obvallata*

形态特征：多年生草本。高16-60厘米。根状茎粗，颈部被稠密的褐色纤维状撕裂的叶柄残迹。茎直立，有短柔毛或无毛。基生叶有长柄，柄长达8厘米；叶片长椭圆形或长圆形、卵形，长7-20厘米，宽3-6厘米，顶端钝，基部楔形，边缘有细齿，两面有腺毛；茎生叶与基生叶同形并等大，但向上部的茎叶渐小，无柄；最上部茎叶苞片状，膜质，黄色，长椭圆形或卵状长圆形，长达16厘米，宽达7厘米，顶端钝，边缘有细齿，两面被短柔毛和腺毛。包围总花序；头状花序6-15个，在茎端密集成球形的总花序，无小花梗或有短的小花梗。总苞半球形，直径1-1.5厘米；总苞片4层，外层卵形，中层椭圆形，内层线形；全部苞片顶端急尖，边缘黑紫色，外面被短柔毛及腺毛；小花蓝紫色，长1.8厘米，管部长8毫米，檐部长10毫米。瘦果长圆形，长5毫米；冠毛2层，淡褐色，外层短，糙毛状，长5毫米，内层长，羽毛状，长1.2厘米。

物候期：花果期7-9月。

分布范围及生境：分布于青海省德令哈市。生于海拔约4000米的高山草甸及高山流石滩。

主要价值：具有药用价值。全草入药，主治风湿性关节炎、高原反应、月经不调。

美丽风毛菊 *Saussurea pulchra*

别名：球花风毛菊

形态特征：多年生草本。株高达 27 厘米。直根系。茎枝灰绿或灰白色，被薄绵毛。基生叶密，茎生叶疏，叶均无柄，线形，长 1-2.5 厘米，全缘，反卷，上面无毛，下面灰白色，密被绵毛。头状花序有梗，单生茎端或少数在茎枝顶端成伞房状花序；总苞楔形，总苞片 5 层，疏被白色绵毛，背面紫色，先端有软骨质小尖头，外层披针形，中层椭圆形或椭圆状披针形，内层线状长椭圆形或宽线形；小花紫色。瘦果青绿色，长 5.5 毫米，有瘤状小突起及横皱纹；冠毛 2 层，白色。

物候期：花果期 8-9 月。

分布范围及生境：分布于青海省天峻县。生于海拔约 3400 米的砂质河谷。

主要价值：具有药用价值。有清热解毒、解表安神的功效，主治流行性感冒、咽喉肿痛、麻疹、风疹。

紫苞风毛菊 *Saussurea purpurascens*

形态特征：多年生草本。株高约 5 厘米。直根系。根状茎斜生，颈部被褐色残存的叶柄；茎直立，被柔毛。叶莲座状，条形，长 4-9 厘米，宽 3-8 毫米，顶端急尖，具小刺尖，基部稍扩大，倒向羽裂，裂片狭三角形，顶端具小刺尖，边缘稍反卷，上面绿色，无毛。头状花序单生，直径 2.2 厘米；总苞宽钟形或球状，总苞片 4 层，外层卵状披针形，革质，紫红色，上部绿色，草质，反折，无毛，内层条形，干膜质，淡绿色，上部紫色；托片条形，白色；花紫红色，花冠管长 8 毫米，檐部长 7 毫米，有 5 个裂片；花药蓝色，尾部撕裂。瘦果圆柱形，长 2 毫米，无横皱纹，顶端具明显的冠状边缘，暗褐色；冠毛淡褐色，羽毛状。

分布范围及生境：分布于青海省祁连县。生于海拔约 3700 米的山坡灌丛中。

星状雪兔子 *Saussurea stella*

形态特征：无茎莲座状草本。全株光滑无毛。直根系。根倒圆锥状，深褐色。叶莲座状，星状排列，线状披针形，长 3-19 厘米，宽 3-10 毫米，无柄，中部以上长渐尖，向基部常卵状扩大，边缘全缘，两面同色，紫红色或近基部紫红色，或绿色，无毛。瘦果圆柱状，长 5 毫米，顶端具膜质的冠状边缘；冠毛白色，2 层，外层短，糙毛状，长 3 毫米，内层长，羽毛状，长 1.3 厘米。

物候期：花果期 7-9 月。

分布范围及生境：分布于青海省德令哈市。生于海拔约 4000 米的高山草地、山坡灌丛草地、河边或沼泽草地、河滩地。

钻叶风毛菊 *Saussurea subulata*

形态特征：多年生垫状草本。株高 1.5-10 厘米。直根系。根状茎多分枝，上部被褐色鞘状残迹，发出多数花茎及莲座状叶丛。叶无柄，钻状线形，长 0.8-1.2 厘米，宽 1 毫米，革质，两面无毛，边缘全缘，反卷，顶端有白色软骨质小尖头，基部膜质鞘状扩大，被蛛丝毛。头状花序多数，生花茎分枝顶端，花序梗极短；总苞钟状，直径 5-7 毫米；总苞片 4 层，外层卵形，顶端渐尖，有硬尖头，上部黑紫色，中层披针状椭圆形或长椭圆形，顶端急尖，上部黑紫色，内层线形，顶端急尖，黑紫色；小花紫红色，长 1.2 厘米。瘦果圆柱状，长 1.5-3.5 毫米，无毛；冠毛 2 层，外层短，白色，糙毛状，内层长，褐色，羽毛状。

物候期：花果期 7-8 月。

分布范围及生境：分布于青海省德令哈市。生于海拔约 4000 米的河谷砾石地、山坡草地及草甸、河谷湿地及盐碱湿地。

肉叶雪兔子 *Saussurea thomsonii*

形态特征： 无茎莲座状草本。直根系。根状茎短，有褐色的叶柄残迹。叶莲座状，椭圆形、卵形或匙形，长 1.5-2.3 厘米，宽 0.7-1.5 厘米，边缘有微锯齿或几全缘无锯齿，顶端钝或圆形，基部楔形渐狭；最上部叶苞叶状，近圆形。头状花序少数（2-6 个），在莲座状叶丛中密集排列成半球状的总花序；总苞椭圆状，直径 7 毫米；总苞片 3-4 层，外层椭圆形，顶端渐尖，中层倒卵形，顶端钝或圆形，内层长倒卵形或

长椭圆形，顶端圆形或钝，全部苞片常紫红色，外面无毛；小花蓝紫色，长 7 毫米，细管部长 3 毫米，檐部长 4 毫米。瘦果褐色，圆柱状，长 4 毫米，有横；冠毛褐色，2 层，外层短，糙毛状，内层长，羽毛状。

物候期： 花果期 6-8 月。

分布范围及生境： 分布于青海省德令哈市。生于海拔约 4400 米的河滩地。

■ 千里光属 *Senecio*

林荫千里光 *Senecio nemorensis*

别名： 黄菀

形态特征： 多年生草本。直根系。茎疏被柔毛或近无毛。基生叶和下部茎生叶在花期凋落；中部茎生叶披针形或长圆状披针形，基部楔状渐窄或稍半抱茎，边缘具密锯齿；上部叶渐小，线状披针形或线形。头状花序具舌状花，排成复伞房花序，花序梗细，具 3-4 小苞片，小苞片线形，疏被柔毛；总苞近圆柱形，长 6-7 毫米，外层苞片 4-5，线形，短于总苞，总苞片 12-18，长圆形，先端三角状渐尖，被褐色柔毛，边缘宽干膜质，背面被柔毛；舌状花 8-10，舌片黄色，线状长圆；管状花 15-16，花冠黄色。瘦果圆柱形，冠毛白色。

物候期： 花期 6-12 月。

分布范围及生境： 分布于青海省祁连县。生于海拔 770-3000 米的林中开旷处、草地及溪边。

主要价值： 具有药用价值。有清热解毒的功效，主治热痢、眼肿、痈疖疔毒。

天山千里光 *Senecio thianschanicus*

形态特征：矮小根状茎草本。直根系。茎单生或数个簇生，上升或直立，不分枝或有时自基部分枝。基生叶和下部茎叶在花期生存，具梗；叶片倒卵形或匙形，长4-8厘米，宽0.8-1.5厘米，顶端钝至稍尖，基部狭成柄。头状花序具舌状花，2-10朵排列成顶生疏伞房花序，稀单生；花序梗长0.5-2.5厘米，被蛛丝状毛，或多少无毛；小苞片线形或线状钻形，尖；总苞钟状，具外层苞片；舌状花约10，舌片黄色，长圆状线形；花冠黄色，檐部漏斗状；裂片长圆状披针形；花药线形，基部具钝耳；花柱分枝长1毫米，顶端截形，具乳头状毛。瘦果圆柱形，长3-3.5毫米，无毛；冠毛白色或污白色，长8毫米。

物候期：花期7-9月。

分布范围及生境：分布于青海省天峻县。生于海拔3600-4300米的草坡、开旷湿处及溪边。

■ 苦苣菜属 *Sonchus*

苣荬菜 *Sonchus wightianus*

形态特征：多年生草本。直根系。根垂直直伸，多少有根状茎。茎直立，有细条纹，上部或顶部有伞房状花序分枝。基生叶多数，与中下部茎叶全形倒披针形或长椭圆形，羽状或倒向羽状深裂、半裂或浅裂，全长6-24厘米，高1.5-6厘米，侧裂片2-5对，偏斜半椭圆形、椭圆形或卵形，顶裂片稍大，长卵形、椭圆形或长卵状椭圆形；全部叶裂片边缘有小锯齿或无锯齿而有小尖头。头状花序在茎枝顶端排成伞房状花序；总苞钟状，基部有稀疏或稍稠密的长或短绒毛；总苞片3层，外层披针形，长4-6毫米，宽1-1.5毫米，中内层披针形；全部总苞片顶端长渐尖，外面沿中脉有1行头状具柄的腺毛；舌状小花多数，黄色。瘦果稍压扁，长椭圆形，长3.7-4毫米，宽0.8-1毫米，每面有5条细肋，肋间有横皱纹；冠毛白色，柔软，彼此纠缠，基部连合成环。

物候期：花果期1-9月。

分布范围及生境：分布于青海省天峻县。生于海拔约3500米的山坡草地、林间草地、潮湿地或近水旁、村边及河边砾石滩。

主要价值：具有药用价值。有清热解毒、利湿排脓、凉血止血的功效，主治咽喉肿痛、疮疖肿毒、痔疮、急性菌痢、肠炎、肺脓疡、急性阑尾炎、吐血、衄血、咯血、尿血、便血、崩漏。

■ 蒲公英属 *Taraxacum*

白花蒲公英 *Taraxacum albiflos*

别名：热河蒲公英、山蒲公英、河北蒲公英

形态特征：多年生草本。株高 3-10 厘米。直根系。根颈部有大量黑褐色残存叶基，叶线状披针形，近全缘至具浅裂，少有为半裂，具很小的小齿，长（2-）3-5（-8）厘米，宽 2-5 毫米，两面无毛。头状花序直径 25-30 毫米；总苞片干后变淡墨绿色或墨绿色；外层总苞片卵状披针形，稍宽于至约等宽于内层总苞片；舌状花通常白色，稀淡黄色，边缘花舌片背面有暗色条纹。瘦果倒卵状长圆形，长 4 毫米，上部 1/4 具

小刺，顶端逐渐收缩为长 0.5-1.2 毫米的喙基，喙较粗壮；冠毛长 4-5 毫米，带淡红色或稀为污白色。

物候期：花果期 6-8 月。

分布范围及生境：分布于青海省德令哈市。生于山坡湿润草地、沟谷、河滩草地及沼泽草甸处。

白缘蒲公英 *Taraxacum platypecidum*

别名：热河蒲公英、山蒲公英、河北蒲公英

形态特征：多年生草本。直根系。叶宽倒披针形或披针状倒披针形，长 10-30 厘米，疏被蛛丝状柔毛或几无毛，羽状分裂，每侧裂片 5-8，裂片三角形，全缘或有疏齿，顶裂片三角形。花葶 1 至数个，上部密被白色蛛丝状绵毛；头状花序径 4-4.5 厘米；总苞宽钟状，总苞片 3-4 层，先端背面有或无小角，外层宽卵形，中央有暗绿色宽带，边缘宽白色膜质，上端粉红色，疏被睫毛，内层长圆状线形或线状披针形，长约为外层

的 2 倍。瘦果淡褐色，长约 4 毫米，上部有刺瘤，顶端缢缩成圆锥形或圆柱形喙基，喙长 0.8-1.2 厘米；冠毛白色。

物候期：花果期 3-6 月。

分布范围及生境：分布于青海省天峻县。生于海拔 1900-3400 米的山坡草地及路旁。

狗舌草属 *Tephroseris*

橙舌狗舌草 *Tephroseris rufa*

形态特征：多年生草本。直根系。根状茎缩短，直立或斜升，具多数纤维状根。茎单生，直立，不分枝，下部绿色或紫色。基生叶数个，莲座状，具短柄，在花期生存，卵形，椭圆形或倒披针形，长 2-10 厘米，宽 1.5-3 厘米，顶端钝至圆形，基部楔状狭成叶柄，全缘或具疏小尖齿；叶柄长 0.5-3 厘米，具宽或狭翅，基部扩大；下部茎叶长圆形或长圆状匙形；中部茎叶无柄，长圆形或长圆状披针形。头状花序辐射状，2-20 朵排成密至疏顶生近伞形状伞房花序；花序梗长 1-4.5 厘米，被密至疏蛛丝状绒毛及柔毛，基部具线形苞片或无苞片；总苞钟状，无外层苞片；总苞片 20-22，褐紫色或仅上端紫色，披针形至线状披针形，顶端渐尖，草质。瘦果圆柱形，长 3 毫米，无毛或被柔毛；冠毛稍红色。

物候期：花期 6-8 月。

分布范围及生境：分布于青海省天峻县。生于海拔约 3400 米的高山草甸。

黄缨菊属 *Xanthopappus*

黄缨菊 *Xanthopappus subacaulis*

别名：黄冠菊、九头妖

形态特征：多年生无茎草本。直根系。根粗壮棕褐色。叶基生，莲座状，革质，长椭圆形或线状长椭圆形，长 20-30 厘米，羽状深裂，侧裂片 8-11 对，叶脉明显，在边缘及先端延伸成针刺，叶柄长达 10 厘米，基部鞘状，被绒毛。花序梗长 5-6 厘米，头状花序达 20；总苞宽钟状，径达 6 厘米，总苞片 8-9 层，背面有微糙毛，外层披针形，中内层披针形，革质，最内层线形，硬膜质；花柱分枝极短，顶端平截，基部有毛环。瘦果偏斜倒卵圆形，顶端有平展果缘。

物候期：花果期 7-9 月。

分布范围及生境：分布于青海省德令哈市。生于海拔 3000 米的草甸、草原及干燥山坡。

主要价值：具有药用价值。主治吐血、崩漏。

黄鹌菜属 *Youngia*

细梗黄鹌菜 *Youngia gracilipes*

形态特征： 多年生丛生草本。直根系。茎短或无明显主茎。叶莲座状，倒披针形、椭圆形或长椭圆形，羽状深裂、半裂、浅裂或大头羽裂，侧裂片 3-5 对，椭圆形，全缘，两面疏被柔毛。头状花序，具 15 朵舌状小花，簇生莲座状叶丛中，花序梗密被白色绒毛；总苞宽圆柱状，果期黑绿色，长 0.8-1 厘米，总苞片 4 层，无毛，外层披针形，内层披针形；舌状小花黄色。瘦果黑色，纺锤形，顶端无喙，有 10-12 条纵肋，肋上有小刺毛；冠毛白色，2 层。

物候期： 花果期 6-9 月。

分布范围及生境： 分布于青海省德令哈市。生于海拔 4400 米的山坡林下、林缘、草甸及草原。

水麦冬科 Juncaginaceae

水麦冬属 *Triglochin*

海韭菜 *Triglochin maritima*

别名： 那冷门

形态特征： 多年生草本。植株稍粗壮。须根系。根茎短，着生多数须根，常有棕色叶鞘残留物。叶全部基生，条形，长 7-30 厘米，宽 1-2 毫米，基部具鞘，鞘缘膜质，顶端与叶舌相连。花葶直立，较粗壮，圆柱形，中上部着生多数排列较紧密的花，顶生总状花序，无苞片，花梗长约 1 毫米。花两性；花被片 6 枚，绿色；雄蕊 6 枚，分离，无花丝；雌蕊淡绿色，由 6 枚合生心皮组成，柱头毛

笔状。蒴果 6 棱状椭圆形或卵形，长 3-5 毫米，径约 2 毫米，成熟后呈 6 瓣开裂。

物候期： 花果期 6-10 月。

分布范围及生境： 分布于青海省祁连县。生于海拔 700-5150 米的湿砂地及海边盐滩上。

禾本科 Poaceae

■ 芨芨草属 *Achnatherum*

芨芨草 *Achnatherum splendens*

别名： 积机草、席萁草、棘棘草

形态特征： 草本。高 50-250 厘米。植株具粗而坚韧外被砂套的须根，秆直立，坚硬，内具白色的髓，形成大的密丛，节多聚于基部，具 2-3 节，平滑无毛，基部宿存枯萎的黄褐色叶鞘。叶鞘无毛，具膜质边缘；叶舌三角形或尖披针形；叶片纵卷，质坚韧，上面脉纹突起，微粗糙，下面光滑无毛。圆锥花序，开花时呈金字塔形开展，主轴平滑，或具角棱而微粗糙，分枝细弱，平展或斜向上升，基部裸露；小穗灰绿色，基部带紫褐色，成熟后常变草黄色。

物候期： 花果期 6-9 月。

分布范围及生境： 分布于青海省刚察县。生于海拔 900-4500 米的草滩及砂土山坡上。

主要价值： 具有饲用价值和经济价值等。本种植物在早春幼嫩时，为牲畜良好的饲料。其秆叶坚韧，长而光滑，为极有用之纤维植物，供造纸及人造丝，又可编织筐、草帘、扫帚等；叶浸水后，韧性极大，可做草绳；又可改良碱地、保护渠道及保持水土。

■ 冰草属 *Agropyron*

冰草 *Agropyron cristatum*

别名： 多花冰草、光穗冰草

形态特征： 多年生旱生禾草。高 20-60 厘米。秆成疏丛，上部紧接花序部分被短柔毛或无毛，有时分蘖横走或下伸成长达 10 厘米的根茎，须根系。叶片质较硬而粗糙，常内卷，上面叶脉强烈隆起成纵沟，脉上密被微小短硬毛。穗状花序较粗壮，矩圆形或两端微窄；小穗紧密平行排列成两行，整齐呈篦齿状，含 5-7 小花；颖舟形，脊上连同背部脉间被长柔毛；外稃被有稠密的长柔毛或显著地被稀疏柔毛；内稃脊上具短小刺毛。

物候期：花果期 7-9 月。

分布范围及生境：分布于青海省刚察县。生于海拔 2200-3500 米的干燥草地、山坡、丘陵及沙地。

主要价值：具有饲用价值。为优良牧草，青鲜时马和羊最喜食，牛与骆驼亦喜食，营养价值很好，是中等催肥饲料。

■ 燕麦属 *Avena*

野燕麦 *Avena fatua*

别名：燕麦草、乌麦、南燕麦

形态特征：一年生草本。高 60-120 厘米。须根较坚韧。秆直立，光滑无毛，具 2-4 节。叶鞘松弛，光滑或基部者被微毛；叶舌透明膜质；叶片扁平，长 10-30 厘米，宽 4-12 毫米，微粗糙，或上面和边缘疏生柔毛。圆锥花序开展，金字塔形，分枝具棱角，粗糙；小穗含 2-3 小花，其柄弯曲下垂，顶端膨胀；小穗轴密生淡棕色或白色硬毛，其节脆硬易断落；颖草质，几相等，通常具 9 脉；外稃质地坚硬，第一外稃背面中部以下具淡棕色或白色硬毛，芒自稃体中部稍下处伸出，膝曲，芒柱棕色，扭转。颖果被淡棕色柔毛，腹面具纵沟。

物候期：花果期 4-9 月。

分布范围及生境：分布于青海省祁连县。生于荒芜田野或为田间杂草。

主要价值：具有饲用价值和经济价值等。本种植物除为粮食的代用品及牛、马的青饲料外，常为小麦田间杂草，其消耗的水分较小麦多 1 倍余，同时种子大量混杂于小麦粒内，使小麦的质量降低。又是造纸原料。

■ 披碱草属 *Elymus*

垂穗披碱草 *Elymus nutans*

形态特征： 多年生丛生草本。高 50-70 厘米。须根系，秆直立，基部稍呈膝曲状，基部和根出的叶鞘具柔毛。叶片扁平，上面有时疏生柔毛，下面粗糙或平滑，长 6-8 厘米，宽 3-5 毫米。穗状花序较紧密，通常曲折而先端下垂，穗轴边缘粗糙或具小纤毛，基部的 1、2 节均不具发育小穗；小穗绿色，成熟后带有紫色，通常在每节生有 2 枚而接近顶端及下部节上仅生有 1 枚，近于无柄或具极短的柄，含 3-4 小花；颖长圆形，2 颖几相等，具 3-4 脉，脉明显而粗糙；外稃长披针形，脉在基部不明显，全部被微小短毛，顶端延伸成芒，芒粗糙，向外反曲或稍展开；内稃与外稃等长，先端钝圆或截平，脊上具纤毛，其毛向基部渐次不显，脊间被稀少微小短毛。

物候期： 花果期 7-10 月。

分布范围及生境： 分布于青海省祁连县。生于海拔 3400 米左右的草原或山坡道旁和林缘。

紫芒披碱草 *Elymus purpuraristatus*

形态特征：草本。秆较粗壮，高可达 160 厘米。须根系，秆、叶、花序皆被白粉，基部节间呈粉紫色。叶片常内卷，上面微粗糙，下面平滑。穗状花序直立或微弯曲，细弱，较紧密，为粉紫色，穗轴边缘具小纤毛，每节具 2 枚小穗；小穗粉绿而带紫色，含 2-3 小花；颖披针形至线状披针形，先端具长约 1 毫米的短尖头，具 3 脉，脉上具短刺毛，边缘、先端及基部皆点状粗糙，并夹以紫红色小点；外稃长圆状披针形，背部全体被毛，亦具紫红色小点，尤以先端、边缘及基部更密，芒紫色，被毛；内稃与外稃等长或稍短。

物候期：花果期 8-9 月

分布范围及生境：分布于青海省天峻县。生于海拔 1400-3500 米的山沟及山坡草地。

无芒披碱草 *Elymus sinosubmuticus*

形态特征：多年生草本。高 25-45 厘米。须根系，茎丛生，直立或基部稍膝曲，较细弱，具 2 节，顶生之节约位于植株下部 1/4 处，裸露部分光滑；叶鞘短于节间，光滑；叶舌极短而近于无；分蘖的叶片内卷，茎生叶片扁平或内卷，下面光滑，上面粗糙，长 3-6 厘米，宽 1.5-3 毫米。穗状花序较稀疏，通常弯曲，呈紫色，基部的 1-3 节通常不具发育的小穗；穗轴边缘粗糙，每节通常具 2 枚而接近顶端各节仅具 1 枚小穗，顶生小穗发育或否；小穗近于无柄或具短柄；小穗轴节间密生微毛；颖长圆形，几相等长，具 3 脉，侧脉不甚明显，主脉粗糙，先端锐尖或渐尖，但不具小尖头；外稃披针形，具 5 脉，脉至中部以下不明显，中脉延伸成 1 短芒，在脉的前端和背部两侧以及基盘均具少许微小短毛；内稃与外稃等长，脊上具小纤毛，先端钝圆；花药长约 1.7 毫米，子房先端具毛茸。

物候期：花期 8 月。

分布范围及生境：分布于青海省祁连县。生于海拔 3000 米左右的山坡。

■ 羊茅属 *Festuca*

羊茅 *Festuca ovina*

形态特征：多年生草本。高 15-20 厘米。须根系，密丛，鞘内分枝。秆具条棱，细弱，直立，平滑无毛或在花序下具微毛或粗糙，基部残存枯鞘。叶鞘开口几达基部，平滑，秆生者远长于其叶片；叶舌截平，具纤毛；叶片内卷成针状，质较软，稍粗糙；叶横切面具维管束 5-7，厚壁组织在下表皮内连续呈环状马蹄形，上表皮具稀疏的毛。圆锥花序紧缩呈穗状；分枝粗糙，侧生小穗柄短于小穗，稍粗糙；小穗为淡绿色或紫红色，含 3-5（6）小花；小穗轴节间被微毛；颖片披针形，顶端尖或渐尖，平滑或顶端以下稍糙涩；外稃背部粗糙或中部以下平滑，具 5 脉，顶端具芒，芒粗糙；内稃近等长于外稃，顶端微 2 裂，脊粗糙；花药黄色；子房顶端无毛。

物候期：花果期 6-9 月。

分布范围及生境：分布于青海省刚察县。生于海拔 2200-4400 米的高山草甸、草原、山坡草地、林下、灌丛及沙地。

■ 赖草属 *Leymus*

羊草 *Leymus chinensis*

别名：碱草

形态特征：多年生草本。高 40-90 厘米。具下伸或横走根茎，须根系。秆散生，直立，具 4-5 节。穗状花序直立，穗轴边缘具细小睫毛，小穗粉绿色，成熟时变黄；小穗轴节间光滑；颖锥状，等于或短于第一小花，不覆盖第一外稃的基部，质地较硬，具不显著 3 脉，背面中下部光滑，上部粗糙，边缘微具纤毛；外稃披针形，具狭窄膜质的边缘，顶端渐尖或形成芒状小尖头，背部具不明显的 5 脉，基盘光滑；内稃与外稃等长，先端常微 2 裂，上半部脊上具微细纤毛或近于无毛。

物候期：花果期 6-8 月。

分布范围及生境：分布于青海省刚察县。生于海拔 3200 米左右的平原绿洲。

主要价值：具有饲用价值。其耐寒、耐旱、耐碱、更耐牛马践踏，为内蒙古东部和东北西部天然草场上的重要牧草之一，也可割制干草。

赖草 *Leymus secalinus*

形态特征： 多年生草本。高 40-100 厘米。具下伸和横走的根茎，须根系。秆单生或丛生，直立，具 3-5 节，光滑无毛或在花序下密被柔毛。叶鞘光滑无毛，或在幼嫩时边缘具纤毛；叶舌膜质，截平，长 1-1.5 毫米；叶片长 8-30 厘米，宽 4-7 毫米，扁平或内卷，上面及边缘粗糙或具短柔毛，下面平滑或微粗糙。穗状花序直立，灰绿色；穗轴被短柔毛，节与边缘被长柔毛；小穗通常 2-3 稀 1 或 4 枚生于每节，含 4-7（10）朵小花；小穗轴节间长 1-1.5 毫米，贴生短毛；颖短于小穗，线状披针形，先端狭窄如芒，不覆盖第一外稃的基部，具不明显的 3 脉，上半部粗糙，边缘具纤毛，第一颖短于第二颖；外稃呈披针形，边缘膜质，先端渐尖或具长 1-3 毫米的芒，背具 5 脉，被短柔毛或上半部无毛，基盘具长约 1 毫米的柔毛；内稃与外稃等长，先端常微 2 裂，脊的上半部具纤毛；花药长 3.5-4 毫米。

物候期： 花果期 6-10 月。

分布范围及生境： 分布于青海省刚察县。生于海拔 2500-3500 米的沙地、平原绿洲及山地草原带。

■ 扇穗茅属 *Littledalea* —————————

扇穗茅 *Littledalea racemosa*

形态特征： 多年生草本。具短根状茎，须根系。秆高 30-40 厘米，顶节距秆基 6-10 厘米。叶鞘平滑松弛；叶舌膜质，顶端撕裂；叶片长 4-7 厘米，宽 2-5 毫米，下面平滑，上面生微毛。圆锥花序几成总状；分枝单生或孪生，细弱而弯曲，顶端着生。一枚大型小穗，

下部裸露；小穗扇形，含 6-8 小花；小穗轴节间平滑；颖披针形，干膜质，顶端钝，第一颖具 1 脉，第二颖具 3 脉；外稃带紫色，具 7-9 脉，平滑或有点状粗糙，边缘与上部膜质，顶端具不规则缺刻；内稃窄小，长不及外稃的 1/2，背部具微毛，两脊生纤毛。

物候期： 花果期 7-8 月。

分布范围及生境： 分布于青海省天峻县。生于海拔 2900-4000 米的山草坡、河谷边沙滩及灌丛草甸。

■ 芦苇属 *Phragmites*

芦苇 *Phragmites australis*

别名： 苇、芦、芦芽、蒹葭

形态特征： 多年生或湿生的高大禾草。高 1-3（8）米。根状茎十分发达，须根系。秆直立，具 20 多节，基部和上部的节间较短，最长节间位于下部第 4-6 节，节下被腊粉。叶鞘下部者短于上部者，长于其节间；叶舌边缘密生一圈短纤毛，两侧缘毛易脱落；叶片呈披针状线形，无毛，顶端长渐尖成丝形。圆锥花序大型，着生稠密下垂的小穗；雄蕊为黄色。

物候期： 花果期 7-11 月。

分布范围及生境： 分布于青海省德令哈市。生于海拔约 2900 米处的干旱荒漠。

主要价值： 具有饲用价值、药用价值和生态价值等。秆为造纸原料或作编席织帘及建棚材料。茎、叶嫩时为饲料。根状茎供药用。芦苇也可作为固堤造陆先锋环保植物。

早熟禾属 *Poa*

早熟禾 *Poa annua*

别名：爬地早熟禾

形态特征：一年生或冬性禾草。高 6-30 厘米。秆直立或倾斜，质软，全体平滑无毛。叶片扁平或对折，长 2-12 厘米，宽 1-4 毫米，质地柔软，常有横脉纹，顶端急尖呈船形，边缘微粗糙。圆锥花序宽卵形，开展；分枝 1-3 枚着生各节，平滑；小穗呈卵形，含 3-5 小花，为绿色；颖质薄，具宽膜质边缘，顶端钝；外稃呈卵圆形，顶端与边缘宽膜质，具明显的 5

脉，脊与边脉下部具柔毛，间脉近基部有柔毛，基盘无绵毛；花药为黄色，颖果呈纺锤形。

物候期：花期 4-5 月，果期 6-7 月。

分布范围及生境：分布于青海省天峻县。生于海拔 3000-4800 米的平原和丘陵的路旁草地、田野水沟及荫蔽荒坡湿地。

阿洼早熟禾 *Poa araratica*

别名：冷地早熟禾

形态特征：多年生草本。高 25-35 厘米。密丛型，须根系，具根头或短根状茎。秆直立，带绿色。叶片扁平，后内卷或多少线形，长 4-10 厘米，宽 1-1.5 毫米，边缘粗糙。圆锥花序狭窄，密聚或多少疏松；小穗含 3-4 小花，扇形，先端带紫色；颖长圆形至椭圆形，均具 3 脉；外稃长圆形至椭圆形，先端钝或尖，脊与边脉下部具柔毛；

基盘疏生绵毛；内稃短于外稃，两脊粗糙。

物候期：花期 7-8 月。

分布范围及生境：分布于青海省德令哈市。生于海拔 4300-5100 米的高山草原。

波密早熟禾 *Poa bomiensis*

形态特征：多年生草本，丛生。高 20-30 厘米。须根系，茎压扁，具 2-3 节。叶鞘长于节间，光滑，上部叶鞘达花序之下；叶舌膜质，顶端钝或截平，长约 1 毫米；叶片线形，扁平，质软而平滑，长 6-8 厘米，宽 3-5 毫米。圆锥花序狭长，稍下垂；分枝细弱，上举，光滑或微粗糙，孪生，下部 2/3 裸露。小穗椭圆形，含 2-3 小花，稍带紫色；小穗轴无毛；两颖不相等，顶端渐尖，脊上部粗糙，第一颖狭披针形，具 1 脉，第二颖阔披针形，具 3 脉；外稃厚纸质，卵状长圆形，顶端渐尖，边缘狭膜质，具 5-7 脉，侧脉明显隆起，背部和基盘均无毛；内稃稍短于外稃，脊上微粗糙；花药长 1-1.5 毫米。

物候期：花果期 6-9 月。

分布范围及生境：分布于青海省祁连县。生于海拔 4000 米处的山地灌丛草甸及砂石地。

草地早熟禾 *Poa pratensis*

别名：狭颖早熟禾、多花早熟禾、绿早熟禾、扁杆早熟禾

形态特征：多年生。高 50-90 厘米。须根系，具发达的匍匐根状茎。秆疏丛生，直立。叶鞘平滑或糙涩，长于其节间，并较其叶片为长；叶片线形，扁平或内卷，长 30 厘米左右，宽 3-5 毫米，顶端渐尖，平滑或边缘与上面微粗糙，蘖生叶片较狭长。圆锥花序呈

金字塔形或卵圆形；小穗柄较短；小穗呈卵圆形，绿色至草黄色，含 3-4 小花；颖卵圆状披针形，顶端尖，平滑，有时脊上部微粗糙，第一颖具 1 脉，第二颖具 3 脉；外稃膜质，顶端稍钝，具少许膜质，脊与边脉在中部以下密生柔毛，间脉明显，基盘具稠密长绵毛；内稃较短于外稃，脊粗糙至具小纤毛。颖果呈纺锤形，具 3 棱。

物候期：花期 5-6 月，果期 7-9 月。

分布范围及生境：分布于青海省德令哈市。生于海拔 500-4000 米的山地、湿润草甸、沙地及草坡。

尖早熟禾 *Poa setulosa*

形态特征：多年生草本。高 15-30 厘米，丛生。茎直立，不具匍匐根状茎。叶舌长 2-3 毫米，撕裂；叶片扁平或对折，长 6-10 厘米，宽 1.5-2 毫米，顶端骤尖，边缘和两面粗糙。圆锥花序狭窄，有时下垂；分枝孪生或单生，斜升，粗糙；小穗含 4-5 小花，宽楔形，长 4-4.5 毫米，绿色；两颖近相等，披针形，顶端渐尖，均具 3 脉；外稃长圆形，顶端钝，脊与边脉下部具纤毛，基盘有绵毛，第一外稃长 2.7-3 毫米；内稃短于其外稃，两脊粗糙；花药长 0.6-0.8 毫米。

物候期：花期 5-7 月。

分布范围及生境：分布于青海省天峻县。生于海拔 2400-3000 米的高山草甸。

针茅属 *Stipa*

针茅 *Stipa capillata*

别名：锥子草

形态特征：多年生密丛禾草。高 40-80 厘米。须根系，秆直立，丛生，常具 4 节，基部宿存枯叶鞘。叶片纵卷成线形，上面被微毛，下面粗糙，基生叶长可达 40 厘米。圆锥花序狭窄，几全部含藏于叶鞘内；小穗草黄或灰白色；颖尖披针形，先端细丝状，第一颖具 1-3 脉，第二颖具 3-5 脉（间脉多不明显）；外稃背部具有排列成纵行的短毛，芒两回膝曲，光亮，边缘微粗糙，第一芒柱扭转，第二芒柱稍扭转，芒针卷曲，基盘尖锐，具淡黄色柔毛；内稃具 2 脉。颖果纺锤形，腹沟甚浅。

物候期：花果期 6-8 月。

分布范围及生境：分布于青海省刚察县。生于海拔 500-2300 米的山间谷地、准平原面及石质性的向阳山坡。

大针茅 *Stipa grandis*

形态特征：多年生密丛草本植物。高 50-100 厘米。须根系，秆具 3-4 节，基部宿存枯萎叶鞘。叶片纵卷似针状，上面具微毛，下面光滑，基生叶长可达 50 厘米。圆锥花序基部包藏于叶鞘内，分枝细弱，直立上举；小穗淡绿色或紫色；颖长尖披针形，先端丝状，第一颖具 3-4 脉，第二颖具 5 脉；外稃具 5 脉，顶端关节处生 1 圈短毛，背部具贴生成纵行的短毛，基盘尖锐，具柔毛，长约 4 毫米，芒两回膝曲扭转，微糙涩，芒针卷曲；内稃与外稃等长，具 2 脉。

物候期：花果期 5-8 月。

分布范围及生境：分布于青海省天峻县。生于海拔 3300-3700 米的广阔、平坦的波状高原上。

主要价值：具有饲用价值。大针茅是亚洲中部草原亚区最具代表性的建群植物之一，大针茅草原是我国草原地带极为重要的一类天然草场，不但适于放牧，还是干草原地带的重要割草场。

紫花针茅 *Stipa purpurea*

别名：大紫花针茅

形态特征：须根较细而坚韧。秆细瘦，具 1-2 节，基部宿存枯叶鞘。叶鞘平滑无毛，长于节间；基生叶舌端钝，秆生叶舌披针形，两侧下延与叶鞘边缘结合，均具有极短缘毛；叶片纵卷如针状，下面微粗糙，基生叶长为秆高 1/2。圆锥花序较简单，基部常包藏于叶鞘内，分枝单生或孪生；小穗呈紫色；颖披针形，先端长渐尖，具 3 脉；外稃背部遍生细毛，顶端与芒相接处具关节，基盘尖锐，密毛柔毛，芒两回膝曲扭转；内稃背面亦具短毛。

物候期：花果期 7-10 月。

分布范围及生境：分布于青海省祁连县。生于海拔 1900-5150 米的山坡草甸、山前洪积扇及河谷阶地上。

主要价值：具有饲用价值。草质较硬，但牲畜喜食，由于耐牧性强，产草量高，可收贮青干草，是草原或草甸草原地区优良牧草之一。

莎草科 Cyperaceae

■ 薹草属 *Carex*

黑褐穗薹草 *Carex atrofusca* subsp. *minor*

形态特征：株高 10-70 厘米。须根系。根状茎长而匍匐。秆呈三棱形，平滑，基部具褐色的叶鞘。叶短于秆，宽 3-5 毫米，平张，稍坚挺，为淡绿色，顶端渐尖。苞片最下部的 1 个呈短叶状，为绿色，具鞘，上部的呈鳞片状，为暗紫红色；小穗 2-5 枚，顶生，雄性小穗呈长圆形或卵形，雌性小穗，呈椭圆形或长圆形，花密生；小穗柄纤细，稍下垂；雌花鳞片呈卵状披针形或长圆状披针形，为暗紫红色或中间色淡，先端长渐尖，顶端具白色膜质，边缘为狭的白色膜质。果囊长于鳞片，呈长圆形或椭圆形，长 4.5-5.5 厘米，宽 2.5-2.8 毫米，扁平，上部为暗紫色，下部为麦秆黄色，无脉，无毛，基部近圆形，顶端急缩成短喙，喙口白色膜质，具 2 齿。小坚果，呈长圆形扁三棱状，长 1.5-1.8 毫米。

物候期：花果期 7-8 月。

分布范围及生境：分布于青海省祁连县。生于海拔约 3600 米处的高山灌丛草甸及流石滩下部和杂木林下。

寸草 *Carex duriuscula*

别名：牛毛草、中亚薹草

形态特征：多年生草本。株高 5-20 厘米。须根系，根状茎细长、匍匐。秆纤细，平滑。基部叶鞘为灰褐色，细裂成纤维状，叶短于秆，宽 1-1.5 毫米，内卷，边缘稍粗糙。穗状花序呈卵形或球形，小穗 3-6 枚，呈卵形，密生，具少数花；苞片呈鳞片状；雌花鳞片呈宽卵形或椭圆形，为锈褐色，边缘及顶端为白色膜质，顶端锐尖，具短尖。果囊稍长于鳞片，呈宽椭圆形或宽卵形，平突状，革质，为锈色或黄褐色，成熟时稍有光泽，两面具多条脉，基部近圆形，有海绵状组织。小坚果稍疏松地包于果囊中，长 1.5-2 毫米，宽 1.5-1.7 毫米，呈近圆形或宽椭圆形。

物候期：花果期 4-6 月。

分布范围及生境：分布于青海省天峻县和刚察县。生于海拔 3000-3300 米处的山坡、路边及河岸湿地。

主要价值：具有饲用价值和生态价值。早春因寸草草质柔软，并有丰富的养分，属于上等牧草，是马、牛、羊、驴等家畜的优良牧草。另外，在草原区它的大量出现可以作为退化草原的指示植物。

无脉薹草 *Carex enervis*

形态特征：多年生草本。株高 10-30 厘米。须根系，根状茎粗、长而匍匐。秆呈三棱形，稍弯，上部粗糙，下部平滑，基部具淡褐色的叶鞘。叶扁平，短于秆，宽 2-3 毫米，为灰绿色，边缘粗糙，先端渐尖。苞片呈刚毛状或鳞片状。小穗多数，雄雌顺序，密集成穗状花序。雌花鳞片呈长圆状宽卵形，先端急尖或渐尖，具短尖，为淡褐色至锈色，具极狭的白色膜质边缘，中脉 1 条。果囊与鳞

片近等长，呈长圆状卵形或椭圆形，平突状，纸质，为禾秆色至锈色，边缘加厚，稍向腹面弯曲，通常无脉或背面基部具几条脉，腹面无脉，基部呈近圆形或楔形。小坚果呈椭圆状倒卵形，长 1.2-1.5 毫米，宽约 1 毫米，为浅灰色，具锈色花纹，有光泽。

物候期：花果期 6-8 月。

分布范围及生境：分布于青海省祁连县。生于海拔约 3700 米处的沼泽草地及草甸中。

青藏薹草 *Carex moorcroftii*

形态特征：多年生草本。株高 7-20 厘米。须根系，匍匐根状茎粗壮，外被撕裂成纤维状的残存叶鞘。茎呈三棱形，坚硬，基部具褐色分裂成纤维状的叶鞘。叶短于秆，宽 2-4 毫米，平张，革质，边缘粗糙。苞片刚毛状，无鞘，短于花序。小穗 4-5 枚，密生，仅基部小穗多少离生；顶生 1 个雄性，长圆形至圆柱形；侧生小穗雌性，卵形或长圆形；基部小穗具短柄，其余的无柄。雌花鳞片卵状披针形，顶端渐尖，紫红色，具宽的白色膜质边缘。果囊等长或稍短于鳞片，椭圆状倒卵形，三棱形，革质，黄绿色，上部紫色，脉不明显，顶端急缩成短喙，喙口具 2 齿。小坚果倒卵形、三棱形，长 2-2.3 毫米；柱头 3 个。

物候期：花果期 7-9 月。

分布范围及生境：分布于青海省祁连县。生于海拔 3400-5700 米处的高山草甸。

主要价值：具有饲用价值。家畜喜采食，为优良牧草。

■ 嵩草属 *Kobresia*

线叶嵩草 *Kobresia capillifolia*

别名：玉树嵩草

形态特征：多年生草本。高 10-45 厘米。须根系，根状茎短，茎密丛生，纤细，柔软，粗约 1 毫米，钝三棱形，基部具栗褐色宿存叶鞘。叶短于秆，柔软，丝状，腹面具沟；先出叶椭圆形，长圆形或狭长圆形，长 3.5-6 毫米，膜质，褐色或栗褐色，上部白色，腹面边缘分离至 3/4 处，背面具 1-2 条脊，脊间具 1-2 条脉，顶端圆形或截形。穗状花序线状圆柱形；支小穗多数，除下部的数个有时疏远外，其余的密生，顶生的雄性，侧生的雄雌顺序，在基部雌花之上具 2-4 朵雄花；鳞片长圆形、椭圆形至披针形，顶端渐尖或钝，纸质，褐色或栗褐色，边缘为宽的白色膜质，中间淡褐色，具 3 条脉。小坚果椭圆形或倒卵状椭圆形，少有长圆形、三棱形或扁三棱形，成熟时深灰褐色，有光泽，基部几无柄，顶端具短喙或几无喙；花柱基部不增粗，柱头 3 个。

物候期：花果期 5-9 月。

分布范围及生境：分布于青海省祁连县。生于海拔 1800-4800 米处的山坡灌丛草甸、林边草地及湿润草地。

主要价值：具有饲用价值。线叶嵩草根系发达，茎叶柔软繁茂，草质细嫩，味美适口，营养丰富，各类家畜喜食。

矮生嵩草 *Kobresia humilis*

形态特征：多年生草本。株高 3-15 厘米。须根系，根状茎短，茎有钝棱，基部具褐色呈纤维状分裂的枯死叶鞘。叶短于秆，宽 1-2 毫米，基部对折；先出叶呈矩圆形或长椭圆形，长 4-5.5 毫米，淡褐色，2 脊微粗糙，边缘在腹面仅基部愈合。简单穗状花序，呈椭圆形；支小穗 4-10 枚，顶生的雄性，侧生的雄雌顺序，在基部雌花的上部具 2-5 朵雄花；鳞片为褐色，中间为绿色，有 3 条脉，具狭的白色膜质边，着生在小穗基部的呈宽卵形，顶端呈截形或微凹，在小穗中部的呈长椭圆形或卵状椭圆形，顶端尖或钝。小坚果呈矩圆形或倒卵状矩圆形，双突状、平突状或扁三棱形，长 2.5-3 毫米，具短喙。

物候期：花果期 6-9 月。

分布范围及生境：分布于青海省天峻县阳康乡、德令哈市怀头他拉镇和祁连县默勒镇。生于海拔 2900-4000 米处的高山草地及山坡阳处。

主要价值：具有饲用价值。因其粗蛋白质含量高，粗脂肪含量也较高，有机物质消化率达 72.23%，是高寒地区优良牧草之一。

波斯嵩草 *Kobresia persica*

形态特征：多年生草本。高 3-10 厘米。须根系，根状茎短，茎密丛生，粗约 2 毫米，钝三棱形，坚挺，基部具暗褐色宿存的叶鞘。叶短于秆，平张，柔软，宽 2-3 毫米，平滑；先出叶狭长圆形，长 3-4.5 毫米，纸质，褐色或淡褐色，顶端截形或浅 2 裂，在腹面边缘分离至 3/4 处或几至基部，背面具光滑的 2 脊。穗状花序椭圆形至长圆状圆柱形；支小穗少数，密生，顶生的雄性，侧生的雄雌顺序，在基部雌花之上具 2-4 朵雄花，有时雌花之上无雄花；鳞片椭圆形或长圆形，顶端圆或钝，无短尖，纸质，两侧褐色或淡褐色，有白色膜质边缘，中间黄绿色，有 3 条脉。小坚果狭长圆形，长约 3 毫米，三棱形，成熟时褐色或淡褐色，基部几无柄，顶端逐渐收缩成圆锥状的喙；花柱基部不增粗，柱头 3 个。退化小穗轴如存在为刚毛状。

物候期：花果期 6-9 月。

分布范围及生境：分布于青海省祁连县。生于海拔 3000-4800 米处的山坡草甸。

高山嵩草 *Kobresia pygmaea*

形态特征：垫状草本。株高 1-35 厘米。须根系，根状茎短。秆密丛生，矮小，坚挺，呈钝三棱形，基部具褐色的宿存叶鞘。叶短于秆，稍坚挺，下部对折，上部平张，宽 1-2 毫米，边缘稍粗糙；先出叶呈长圆形或椭圆形，长 3.5-5 毫米，膜质，为淡褐色。穗状花序，呈椭圆形或长圆形；支小穗通常 4-10 枚，密生，顶生的雄性，侧生的雄性，在基部雌花之上具 2-4 朵雄花；鳞片呈长圆形或宽卵形，顶端圆或钝，无短尖，纸质，两侧褐色，具狭的白色膜质边缘，中间绿色，有 3 条脉。小坚果呈倒卵形椭圆形，长 2.5-3 毫米，成熟时为暗灰褐色，有光泽，基部几无柄，顶端具短喙。

物候期：花果期 6-9 月。

分布范围及生境：分布于青海省祁连县和德令哈市蓄集乡。生于海拔约 4400 米处的高山草甸及山坡阳处。

主要价值：具有饲用价值。因其营养价值较高，粗蛋白含量超过野生豆科草类的花苜蓿，属于优等牧草。

西藏嵩草 *Kobresia tibetica*

形态特征：多年生草本。高20-50厘米。须根系，根状茎短，茎密丛生，纤细，粗1-1.5毫米，稍坚挺，钝三棱形，基部具褐色至褐棕色的宿存叶鞘。叶短于秆，丝状，柔软，宽不及1毫米，腹面具沟；先出叶长圆形或卵状长圆形，长2.5-3.5毫米，膜质，淡褐色，在腹面边缘分离几至基部，背面无脊无脉，顶端截形或微凹。穗状花序椭圆形或长圆形；支小穗多数，密生，顶生的雄性，侧生的雄雌顺序，在基部雌花之上具3-4朵雄花。鳞片长圆形或长圆状披针形，顶端圆形或钝，无短尖，膜质，背部淡褐色、褐色至栗褐色，两侧及上部均为白色透明的薄膜质，具1条中脉。小坚果椭圆形，长圆形或倒卵状长圆形，扁三棱形，长2.3-3毫米，成熟时暗灰色，有光泽，基部几无柄，顶端骤缩成短喙；花柱基部微增粗，柱头3个。

物候期：花果期5-8月。

分布范围及生境：分布于青海省祁连县。生于海拔3000-4600米处的河滩地、湿润草地及高山灌丛草甸。

灯心草科 Juncaceae

■ 灯心草属 *Juncus*

小灯心草 *Juncus bufonius*

形态特征：一年生草本。有多数细弱、浅褐色须根，株高4-20厘米。茎丛生，细弱，直立或斜升，有时稍下弯，基部常为红褐色。叶基生和茎生；茎生叶常1枚；叶片线形，扁平，长1-13厘米，宽约1毫米，顶端尖；叶鞘具膜质边缘，无叶耳。二歧聚伞状花序，或排列成圆锥状，生于茎顶，花序分枝细弱而微弯；总苞片叶状，常短于花序；花排列疏松，很少密集，具花梗和小苞片；小苞片2-3枚，三角状卵形，膜质；花被片披针形，

外轮长，背部中间绿色，边缘宽膜质，白色，顶端锐尖，内轮稍短，几乎全为膜质，顶端稍尖；雄蕊6枚，长为花被的1/3-1/2；花药呈长圆形，淡黄色；花丝丝状；雌蕊具短花柱；柱头3，外向弯曲。蒴果呈三棱状椭圆形，为黄褐色，长3-4毫米，顶端稍钝，3室。种子呈椭圆形，两端细尖，黄褐色，有纵纹，长0.4-0.6毫米。

物候期：花期5-7月，果期6-9月。

分布范围及生境：分布于青海省祁连县。生于海拔约3200米的湿草地、湖岸、河边及沼泽地中。

主要价值：具有药用价值。有清热、通淋、利尿、止血等功效。

百合科 Liliaceae

葱属 *Allium*

蓝苞葱 *Allium atrosanguineum*

别名：蓝苞韭、蓝色韭、蓝苞、兰苞葱、蓝苞

形态特征：多年生草本。须根系，具根状茎。鳞茎呈圆柱形，外皮灰褐色，纤维质。花葶呈圆柱形，下部具叶鞘。叶2-4枚，为中空的圆柱形，与花葶近等长，粗2-4毫米。总苞天蓝色，2裂，宿存；伞形花序，球形，多花，密集；花梗长5-10毫米，内面的较长，无苞片；花黄色，后变红色；花被片6，呈矩圆状披针形至矩圆形，等长或内轮的更短，钝头或短尖；花丝部分合生成管状，分离部分呈狭三角形；子房呈倒卵形，基部收缩呈短柄状；花柱长3.5-7毫米，柱头3浅裂。

物候期：花果期6-9月。

分布范围及生境：分布于青海省德令哈市。生于海拔4400-4500米处的山地中。

折被韭 *Allium chrysocephalum*

形态特征：草本。须根系，鳞茎单生，圆柱状，有时下部粗，外皮淡棕或棕色，呈薄革质，顶部条裂。叶呈线形或宽线形，扁平，长为花葶 1/2，稀近等长，宽 0.3-1 厘米，略镰状。花葶呈圆柱状，下部被叶鞘；总苞宿存；伞形花序呈球状或半球状，花多而密集；花梗近等长，近等于或略长于花被片，无小苞片；花呈亮草黄色；内轮花被片呈长圆状披针形，先端反折，外轮呈长圆状卵形，舟状；花丝呈锥状，基部约 1 毫米合生并与花被片贴生；子房呈卵圆形，腹缝基部具凹陷蜜穴，花柱不伸出花被。

物候期：花果期 7-9 月。

分布范围及生境：分布于青海省。生于海拔 3400-4800 米草甸及湿润山坡。

黄花韭 *Allium condensatum*

别名：野葱

形态特征：草本。须根系。鳞茎呈圆柱状或窄卵状圆柱形，外皮红褐或褐色，薄革质，常条裂。叶呈圆柱状，中空，短于花葶，宽 1.5-4 毫米。花葶呈圆柱状，中空，高达 50 厘米，下部被叶鞘；球状伞形花序，花多而密集；花梗近等长，稍短于花被片或为其 1.5 倍，无小苞片；花为黄或淡黄色；花被片呈卵状长圆形，内轮稍长；花丝呈锥形，等长，基部合生并与花被片贴生；子房呈倒卵圆形，基部无凹陷蜜穴，花柱伸出花被，外露。

物候期：花果期 7-9 月。

分布范围及生境：分布于青海省祁连县。生于海拔 2900-3000 米的山坡及草地中。

主要价值：具有食用价值。

天蓝韭 *Allium cyaneum*

别名：野葱

形态特征：多年生草本。株高10-30厘米。须根系，具根状茎。鳞茎呈狭柱形，簇生，鳞茎外皮黑褐色，网状纤维质。叶基生，呈狭条形，长5-25厘米，宽1-1.5（-2）毫米。花葶纤细呈圆柱形；伞形花序半球形，多花，无苞片；花被呈钟状，天蓝色或紫蓝色；花被片6，内轮的卵状矩圆形，钝头，外轮的椭圆状矩圆形，有时顶端微凹，常较短；花丝伸出花被，基部合生并与花被贴生；子房呈球形，基部具3凹穴；花柱伸出花被。

物候期：花果期8-10月。

分布范围及生境：分布于青海省天峻县。生于海拔1500-3000米处的山坡及草地中。

主要价值：具有药用价值。有散寒解表、温中益胃、散瘀止痛等功效。

蒙古韭 *Allium mongolicum*

别名：野葱、胡穆刺、蒙古葱、山葱、沙葱

形态特征：多年生草本。株高10-30厘米。须根系，具根茎。鳞茎呈柱形，簇生；鳞茎外皮呈纤维状，松散。叶基生，狭条形或近半圆柱形。花葶圆柱形，具细纵棱，总苞单

侧开裂，宿存；伞形花序，呈半球形或球形，多花，密集；花梗径与花被等长或为其2倍长，无苞片；花淡紫色至紫红色；花被片6，呈卵状矩圆形；花丝基部合生并与花被贴生；子房呈倒卵形至近球形；花柱不伸出花被。

物候期：花果期7-9月。

分布范围及生境：分布于青海省刚察县、天峻县和德令哈市。生于海拔3300-3600米处的山坡及砂地中。

主要价值：具有食用价值、药用价值和饲用价值。叶及花可食用。地上部分入蒙药，能开胃、消食、杀虫，主治消化不良、不思饮食、秃疮、青腿病等。各种牲畜均喜食，为优等饲用植物。

独尾草属 *Eremurus*

阿尔泰独尾草 *Eremurus altaicus*

形态特征: 多年生草本。植株高 60-120 厘米。叶宽 0.8-1.7(4)厘米。苞片先端有长芒,背面有 1 条褐色中脉,边缘有或多或少长柔毛;花梗上端有关节;花被呈窄钟形,为淡黄色或黄色,有的后期变为黄褐色或褐色;花被片长约 1 厘米,下部有 3 脉,到中部合成 1 脉,花萎谢时花被片顶端内卷,到果期又从基部向后反折;花丝比花被长,明显外露。蒴果平滑,通常带绿褐色。种子三棱形,两端有不等宽的窄翅。

物候期: 花期 5-6 月,果期 7-8 月。

分布范围及生境: 分布于青海省天峻县。生于海拔 1300-2200 米的山地,以较薄土层或砾石阳坡为多。

黄精属 *Polygonatum*

轮叶黄精 *Polygonatum verticillatum*

别名: 地吊、红果黄精

形态特征: 多年生宿根草本。株高(20)40-80 厘米。须根系,根状茎通常短分枝,通常块茎状,极少念珠状。茎直立,无毛。叶常为 3 叶轮生,少数对生或互生,稀全为对生,近无柄,呈长圆状披针形的叶片,长 6-10 厘米,宽 2-3 厘米,呈线状披针形或线形,长达 10 厘米,宽 5 毫米。花序腋生,具 1-2(4)花,俯垂;花被淡黄色或淡紫色,合生成筒状;花丝极短,着生近花被筒中部;子房长约 3 毫米,具约等长的花柱。浆果成熟时红色。

物候期: 花期 5-6 月,果期 8-10 月。

分布范围及生境: 分布于青海省祁连县。生于海拔 2100-4000 米林下及山坡草地。

主要价值: 具有药用价值和观赏价值。因叶色翠绿,株型整齐,适宜作耐阴性地被植物或盆栽观赏。具有延年益寿、温胃、干脓、清热、开胃、舒身等功效;根茎主治局部浮肿、寒湿引起的腰腿痛、瘙痒性和渗出性皮肤病及精髓内亏、衰弱无力、虚劳咳喘、胎热、消化不良、疮疡脓肿等症状。

鸢尾科 Iridaceae

■ 鸢尾属 *Iris*

马蔺 *Iris lactea*

别名：马莲、马帚、箭秆风、兰花草、紫蓝草、蠡实、马兰花、马兰、白花马蔺

形态特征：多年生密丛草本。须根系。根状茎粗壮，木质，斜伸，外包有大量致密的红紫色折断的老叶残留叶鞘及毛发状的纤维；须根粗而长，黄白色，少分枝。叶基生，坚韧，灰绿色，条形或狭剑形，长约 50 厘米，宽 4-6 毫米，顶端渐尖，基部鞘状，带红紫色，无明显的中脉。花茎光滑；苞片 3-5 枚，草质，绿色，边缘白色，披针形，顶端渐尖或长渐尖，内包含有 2-4 朵花；雄蕊花药黄色，花丝为白色；子房呈纺锤形。蒴果呈长椭圆状柱形，有 6 条明显的肋，顶端有短喙。种子为不规则的多面体，棕褐色，略有光泽。

物候期：花期 5-6 月，果期 6-9 月。

分布范围及生境：分布于青海省天峻县。生于海拔 3600 米左右的荒地、路旁及山坡草丛中。

主要价值：具有饲用价值、经济价值和药用价值等。可用于水土保持和改良盐碱土；叶在冬季可作牛、羊、骆驼的饲料，并可供造纸及编织用；根的木质部坚韧而细长，可制刷子；花和种子入药，马蔺种子中含有马蔺子甲素，可作口服避孕药。

兰科 Orchidaceae

■ 火烧兰属 *Epipactis*

小花火烧兰 *Epipactis helleborine*

别名：台湾铃兰、火烧兰、台湾火烧兰

形态特征：多年生草本。株高达 70 厘米。须根系，根状茎粗短。茎直立，茎上部被短柔毛，下部无毛。叶互生，呈卵形或阔卵形，长 3-6 厘米，宽 1.5-4.5 厘米，先端短尖，基部钝圆，全缘，抱茎，上面无毛，下面稍被粗毛，脉平行。穗状花序顶生；花黄绿色，每花有一个长卵形苞片；花被 2 轮，外轮 3 枚，背片狭长，呈兜状，侧片呈卵状披针形；内轮 3 枚，侧片呈卵状披针形，较外轮侧片略短；唇瓣短，兜状，无距；蕊柱短，子房倒卵形，稍弯。

物候期：花期 7 月，果期 9 月。

分布范围及生境：分布于青海省祁连县。生于海拔 250-3600 米山坡林下、草丛及沟边。

主要价值：具有药用价值。有清肺止咳、活血、解毒等功效，用于治疗肺热咳嗽、咽喉肿痛、牙痛、目赤肿痛、胸胁满闷、腹泻、腰痛、跌打损伤、毒蛇咬伤等。

■ 对叶兰属 *Listera*

对叶兰 *Listera puberula*

形态特征： 株高 10-20 厘米。须根系，具细长根状茎。茎纤细，具 2 枚对生叶，叶以上的部分被短柔毛。叶生于茎中部，呈心形、阔卵形或阔卵状三角形，长 1.5-2.5 厘米，边缘多少皱波状。总状花序，具 4-7 朵稀疏的花；花苞片呈披针形，急尖；花绿色，很小，无毛；中萼片呈卵状披针形，急尖；侧萼片呈卵状披针形，与中萼片等长；花瓣呈条形；唇瓣呈近狭倒卵状楔形，外侧边缘多少具乳突状细缘毛；合蕊柱稍弯曲，蕊喙呈宽卵形。蒴果呈倒卵形。

物候期： 花期 7-9 月，果期 9-10 月。

分布范围及生境： 分布于青海省。生于海拔 1400-2600 米密林下阴处。

主要价值： 具有药用价值。

■ 兜被兰属 *Neottianthe*

二叶兜被兰 *Neottianthe cucullata*

别名： 兜被兰、二狭叶兜被兰、一叶兜被兰

形态特征： 多年生草本。株高达 24 厘米。须根系，块茎呈球形或卵形。茎基部具 2 枚近对生的叶，其上具 1-4 小叶。叶呈卵形、卵状披针形或椭圆形，长 4-6 厘米，先端尖或渐尖，基部短鞘状抱茎，上面有时具紫红色斑点。花序具几朵至 10 余花，常偏向一侧。苞片呈披针形；花紫红或粉红色；中萼片呈披针形；侧萼片呈斜镰状披针形；花瓣呈披针状线形，与中萼片贴生；唇瓣前伸，上面和边缘具乳突，基部楔形。子房呈纺锤形，无毛。

物候期： 花期 8-9 月。

分布范围及生境： 分布于青海省。生于海拔 400-4100 米山坡林下及草地。

主要价值： 具有药用价值和观赏价值。主治外伤性昏迷、跌打损伤、骨折等症状。

■ 红门兰属 *Orchis* ────────────────

广布红门兰 *Orchis chusua*

形态特征：地生草本植物。株高 7-20（-35）厘米。须根系。块茎长圆形，肉质，不裂。叶互生，（1）2-3（4）枚，叶片呈长圆状披针形、披针形至线状披针形，长 5-10 厘米，宽 1-2 厘米，急尖或渐尖，基部收狭成鞘抱茎。花葶直立，无毛，花序具 1-10 朵花，多偏向同一侧；花苞片呈披针形；花紫色或粉红色，萼片近等大，中萼片呈长圆形，侧萼片呈卵状披针形，反折；花瓣呈狭卵形，较萼片小；唇瓣较萼片长而大，距和子房几并行，多长于子房。

物候期：花期 6-8 月。

分布范围及生境：分布于青海省。生于海拔 500-4500 米的山坡林下、灌丛下、高山灌丛草地及高山草甸中。

主要价值：具有药用价值。块茎具有清热解毒、补肾益气、安神等功效，用于治疗白浊、肾虚、阳痿、遗精等症状。

参 考 文 献

中国科学院西北高原生物研究所 . 1997. 青海植物志 [M]. 西宁 : 青海人民出版社 .

中国科学院植物研究所 . 1972-1983. 中国高等植物图鉴 [M]. 北京 : 科学出版社 .

中国科学院中国植物志编委会 . 1959-2014. 中国植物志 [M]. 北京 : 科学出版社 .

Wu Z Y, Raven P H, Hong D Y, et al. 1994-2011. Flora of China [M]. Beijing: Science Press, St. Louis: Missouri Botanical Garden Press.

中名索引

学 名 索 引